知识就在得到

Soft 软能力 Skills

吴军 著

新星出版社　NEW STAR PRESS

前言
太初有为

今天，很多人会纠结一个问题，学识和能力哪个更重要。

如果从做成事情这个角度来讲，无疑是能力更重要，因为学识本身并不能让人成事，在学识和成功之间需要一座桥梁，那就是能力。在职场上，没有哪位老板愿意直接为学识支付报酬，他们只会为能力买单。很多单位在招聘时强调学历，是因为他们在无法判断一个人能力的时候，只能暂时认定学历高的人可能能力强。而他们一旦发现某个人空有学问却做不成事的时候，态度就变了。这时空有学问的人便成为众人嘲笑的目标。相反，一个学历不高的人如果最后证明了自己能力很强，能够解决问题，常常会被重用。然后，领导会冠以"破格提拔"的说法,以证明自己识人的本领。实际上,有能力的人被提拔算不得什么破格,因为在人才流动性很大的社会里,被提拔是他们应该得到的肯定。换句话说,一个人只要有能力,即使在这个单位没有获得机会,在其他单位也一定能够找到一展拳脚的地方。毕竟,对整个社会来讲,有能力的人总是稀缺的。

人的能力大抵可以分为专业能力和非专业能力。"专业能力"这个词很好理解,做任何工作都需要具备相应领域的知识,能解决那些领域的问题。比如,医生在医学上的能力、律师在法律上的能力、工程师在技术上的能力都属于此类。大家上学就是为了掌握这些能力。因此,本书就不讨论这方面的内容了,而把重点放在非专业能力上。

非专业能力的种类有很多,在本书中,我把绝大多数人都需要具备的一些非专业能力分成了以下五类:

1. 交往力。绝大部分时候,要做成一件大事,仅仅靠一个人的力量是不够的,需要很多人帮忙。因此,一个人能做成多大的事情,在一定程度上要看他能够调动多少人力资源,而这就依赖他的交往力了。由于这种能力学校不教,更不会去考察,因此很多人不重视。还有些人会觉得那些交往能力强的人是会来事儿、无原则,甚至谄媚,自己不善交往反而是率真的表现。事实上,是否善于与人交往和有无原则地讨好他人是两个不同维度的事。

2. 洞察力。洞察力是指能看到别人看不到的问题,或者别人看不到的本质。我们都说今天是信息时代,强调信息的重要性,然后千方百计地去找信息。但是很多时候,信息就在那里,很多人却视而不见,或者只能看到事情的表面现象,却无法洞悉真相。而无法洞悉真相,就无法作出正确的判断,也就没有正确的行动。

3. 分辨力。过去,人们通常接受一种传统的、正统的价值观,并以此作为分辨是非的标准;今天,这种统一的价值观其实已经不存在了,而信息又严重过载,因此分辨善恶、是非、对错就显得尤为重要。比如,过去我们在报纸上读了一篇文章,虽然文章说的不一定就真实或者正确,但至少办报纸是有门槛的,记者、编辑是本着专业态度写作、修改那篇文章的。但今天的自媒体和社交平台上充斥着大量的不实信息,有些自媒体和社交平台甚至为了吸引流量,不惜误导用户。再比如,我们过去生活的环境是熟人社会,大家对周围的人都比较了解,作出判断并不困难。但是今天我们生活在生人社会,彼此之间的了解程度非常有限。因此,在当今社会,缺乏分辨能力,就如同在迷雾中行走,看似走了很远,其实不过是在原地转圈。

4.职场力。中国社会进入专业化时代是最近这几年的事情。在专业化时代,我们需要按照规范处理职场上遇到的各种问题,而不能感情用事。一个人专业水平足够高,只是他能够在职场上站住脚,并且不断获得成功的必要条件,但远不是充分条件。以什么样的方式做事,以什么样的态度与他人合作,通常决定了一个人在职业道路上能走多远。很多人误以为只要把事情完成就可以了。其实在职场上,我们不仅要完成工作,还要以专业人员的标准去完成。换句话说,一件事的过程常常和结果一样重要,而职场力则是完善过程的基本保障。

5.行动力。行动力强不是简单的勤奋努力、办事效率高,也不是凡事亲力亲为,而是能够让自己的行动产生想要的结果。一个人再辛苦,做了再多的事情,如果没有达到目的,就算不上行动力强。

经过这样的梳理,我们就能发现,能力既不是一个抽象的概念,也不是天生的禀赋,而是可以一个维度一个维度地慢慢培养起来的。不过需要强调的是,在能力之上的是品格。能力相当于一长串"0",品格则是数字首位的那个"1"。没有了品格，能力就是无本之木、无源之水，再强也无济于事。因此，在这本书的最后一章，我会讲述和能力相关的品格。

为了避免单纯地讲大道理，我会把本书的重点放在分享我工作和生活的体会上，包括我读书的心得。书中的内容有些来自我的亲身经历，但更多的是一些专家的建议。当然，我对那些建议进行过尝试和检验，并认为它们至少对我来讲是有用的。

需要强调的是，能力的培养是一个长期而复杂的过程，仅仅读一两本书是不够的，关键在于采取行动，改变习惯，定向培养。因此，我以歌德的名言"太初有为"与大家共勉。世界上懂得道理的人很多，但是能够践行那些道理的人却很少；为自己树立了宏大目标的人很多，但是迈出第一步的人却很少。因此，当一个人真正行动起来的时候，他就已经超越大部分的人了。

吴军

2022 年 5 月于硅谷

目录 CONTENTS

第一章 Chapter One
交往力
一个人能做成多大的事情，在一定程度上要看他能调动多少人力资源，而这就依赖他的交往力了。

如何通过行为轨迹识人	003
与时俱进的交友原则	012
能力和人品哪个更重要	020
学会道歉	029
如何防止被他人左右思想	038
最吸引人的谈资	047

第二章 Chapter Two
洞察力
别人看到的事情自己早已看到，别人看不到的东西自己也能发现，这就叫具有洞察力。

分析历史事件的八个维度	057
怎么理解"选择"和"搭错车"	068
怎么看待"愚蠢"	076
登上珠穆朗玛峰和成为亿万富翁，哪个更容易	084
面对现实才能获得更好的发展	092
脑和手，哪个更重要	101

第三章 分辨力
Chapter Three

在缺乏统一的价值观且信息严重超载的今天,分辨善恶、是非、对错就显得尤为重要。

如何分辨有哲理的故事和无用的鸡汤文	109
不是所有的时髦理论都管用	119
为什么要对"巧合"保持警惕	129
为什么要对"意见一致"保持警惕	138
"不能以貌取人"和"相由心生"矛盾吗	148

第四章 职场力
Chapter Four

在专业化时代,以什么样的方式做事,以什么样的态度与人合作,通常决定了一个人在职业道路上能走多远。

借助"深度工作"找到适合自己的职业	159
比敬业精神更高的是什么	167
孙悟空的紧箍究竟有什么用	174
美国顶级大学的教授是如何晋升的	182
高情商不只是能言善道	190
能否成为最后的赢家取决于抗压能力	198

第五章 Chapter Five

行动力

一个人能达成目标，最终靠的是行动。懂得该关注什么、需要对什么视而不见，是提高行动力的关键。

是挑出金子，还是滤去沙子？	209
为什么说关注点会造就一个人	218
生命中那些不重要的事情	227
人们把时间花在了哪些事情上	236
怎么在时间管理中做到止损	245
如何快速掌握一项新技能	253

第六章 Chapter Six

品格

比能力更重要的是品格，它是人一辈子成功的基石。品格是后天培养出来的，与基因、出身、学识、机会都没有直接的关系。

人性是一根曲木	267
持之以恒、不媚俗	274
正义感（善良、诚信、公正）	281
修养（感恩、宽恕、谦虚、自制）	290

后 记 Postscript

299

第一章
交往力

▼

Chapter One
Sociality

人是社会性动物。今天，除了数学家和哲学家，一个人要想成事，就需要和他人交往合作。因为数学家是可以通过一沓纸、一支笔工作的，解决庞加莱猜想的佩雷尔曼、证明费马大定理的怀尔斯和解决孪生素数问题的张益唐，就是这么工作的；哲学家则常常需要独处才能深入思考，尼采和维特根斯坦便是如此。除此之外，我很难想到哪个职业的人可以不与他人合作。因此，交往的能力是衡量一个人能否很好地适应现代社会的标准之一。需要注意的是，交往的能力不仅仅是善于待人接物、善于处理各类复杂的人际关系，它首先是能够识人，能够判断该与什么样的人交往。

如何通过行为轨迹识人

识人的能力在任何国家、任何时代都被看作一个人最基本的能力。今天很多人喜欢谈曾国藩,曾国藩最大的本事就是善于识人——他为晚清挑选、提拔了一大批股肱之臣。据说他只要对一个人多看几眼,就能把那人的性格特点讲个大概。这倒不是要宣扬相面术,而是想说通过一个人的行为举止和生活习惯,我们能够很好地了解他是什么样的人。

如何识人,是今天心理学研究的一个重要领域。美国得克萨斯大学的心理学副教授山姆·高斯林就专门写过一本这方面的学术专著——《看人的艺术》。他通过心理学研究发现,大多数人所拥有的东西能够透露出他们本身的信息。换句话说,我们能通过那些信息了解一个人。这就为我们通过行为举止和生活习惯识人提供了科学依据。顺便说一下,这本出版于2009年的书获得了美国心理学会的年度贡献奖。

高斯林根据研究发现,有三类物品对于了解一个人非常有效。

第一类是身份标签,就是那些可以用来作为身份标识的物品。

比如说,在美国,人们通常会根据一个人开的车来判断对方。这并不是简单地说开豪车的人比开普通代步汽车的人更有钱,而是说在同等价位的汽车中,选择什么车和这个人的职业、生活习惯以及思想的开放程度是有很大关系的。

比如,同样是价格在 2.5 万~3 万美元的新车,美国人通常有以下五种选择:

1. 买通用或者福特这种美国传统品牌的汽车;
2. 买日本品牌的汽车,比如本田和丰田,或者类似的韩国品牌汽车;
3. 买中低端的欧洲品牌汽车,比如大众或者菲亚特;
4. 买低端的越野车;

5. 买皮卡，也就是小卡车。

通常，选择美国传统品牌汽车的人，会比选择日本品牌汽车的人更为保守；而购买日韩品牌汽车的人通常比较重视性价比，不那么在乎面子。不过，不管是买美国车还是日韩车，基本上都只是把车当成代步工具，总体上属于中规中矩。

买越野车的人情况就特殊一些了。这些人大致可以分为两类，年轻的和年长的。这两类人买越野车的出发点相当不同。根据大众公司的调查，买越野车的年轻人大多比较爱玩，主要是看中越野车在荒野中的动力性能。而比较年长的越野车买家，比如55岁以上的，主要是看中越野车车型高大，坐得舒服，视野好。另外，大部分买越野车的人平时其实并没有多少东西要运输。

美国还有很多人喜欢载货能力强的皮卡。其中，除了因为工作原因而购买的，大部分是因为喜欢那种想玩就玩、想走就走的生活。特别是那些喜欢露营的人，通常会租一个有卧室、厨房和淋浴的小房车，用皮卡拉上，自驾到各地游玩；或者用皮卡拖上自己的小船，周末去水边游玩。

至于买欧洲品牌汽车的人，在美国是比较小众的。总体上，这些人喜欢与众不同，比较有个性，并且常常为了自己的一点喜好额外花费很多钱。在美国，欧洲品牌汽车要比其他产地同档次的汽车贵很多，保养的费用也很高。因此，除非是坚持自己的喜好，否则美国人不太会把这类汽车作为首选。

从这个例子我们不难看出，一个人使用的东西多少会反映出他的性格特点。类似地，从人们的着装也或多或少能看出他们的内心。和前面比较汽车一样，先要把品牌档次和价格这类因素扣除掉。比如，夹克衫和西装当然不一样，你拿几百块钱的夹克衫和上万块钱的阿玛尼西装比较就不合理。就同档次来讲，通常穿着休闲便装的人要比穿着职业装的人更开放，也更有自信心；而穿着职业装的人相对会更守规矩，更相信权威。

那么，会不会有人明明性格中规中矩却偏要装作很酷，开一辆皮卡上班呢？不太会有，因为这么装一次两次还可以，时间长了，他自己会感觉不舒服，因为那不是他喜欢的生活方式。

第二类是那些可以作为"情感调节器"的物品。

大家可能注意到了，很多人会在宿舍里或者工位上摆放家人的照片或者具有特殊意义的纪念品。高斯林认为，这些东西就属于情感调节器，能反映出主人的情感依托在哪里。

高斯林通过研究发现，人在孤独的时候，看到属于自己的情感调节器，心灵就会得到慰藉。因此，观察一下你的同学或同事在床头或者办公桌上摆放的东西，就能对他增加一些了解。在美国，大约有8%的人会在钱包里放一些家人的照片，当然今天更多的人是把它们存在手机里，设置成手机壁纸。你见到这样的人，就可以基本推断他很可能是一个能从家庭获得情感慰藉的人。

第三类是那些会留下行为痕迹的物品。

比如在侦探小说中，侦探可以从一个人的物品细节推理出他的行为特点。《福尔摩斯探案集》里就写到过，福尔摩斯通过怀表发条处的磨损痕迹，推断出怀表的主人有酗酒的习惯。这样的情节倒不完全是小说家编的，而是有着统计学上的依据。比如，开车比较猛或者容易紧张的人，车的刹车片会磨损得比较厉害。我开车时经常会注意前面车辆的外观，根据我的观察，那些开车水平不高的人，车身通常剐蹭得比较厉害，尤其是前后保险杠的四个角和侧面车门处。

但是，一个心急鲁莽的人是否有可能把车开得很仔细呢？只要我们把时间放长一点，就会发现这种可能性很小，因为一个人如果能长期把车开得很仔细，就不会心急鲁莽了。

高斯林在《看人的艺术》这本书中还给出了一些很有趣的

结论。比如，通过观察一个人扔掉的垃圾，能够判断他是一个什么样的人。这是很有道理的。今天，医生会通过检测我们身体的代谢物来了解我们的身体状况；类似地，如果你知道一个人扔了哪些垃圾，就能以此了解他的生活细节。当然，我们不必去翻看别人的垃圾，更现实的做法是观察他使用和摆放的物品。

今天由于互联网很发达，我们可以通过一个人在互联网上的表现去了解他。很多人觉得隔着网络和人打交道更安全，所以在网上的防范心理会比较弱。就好像如果有人在大街上和你搭讪，你多少会有些警惕，但如果有人在你的论坛帖子下面留言，你不会从一开始就抱有警惕心理。

因此，有时通过一个人在网上的言行，更能看出他真实的性格。比如，通过一个人转发的文章、朋友圈发的内容，你能大致判断他是个什么样的人。社交媒体上使用的头像和昵称同样也适用于这个道理。

掌握了一些观察他人的基本方法，我们就可以静静地观察周围的人，做到"知人知面也知心"了。不过，被观察的人有没有可能刻意把自己伪装起来，以误导我们呢？这当然是有可能的。中国台湾地区出版过很多蒋经国和李登辉的传记，那些书里都会谈到当年蒋经国把在国民党内原本职级并不高的李登辉提拔成接班人的原因,其中很重要的一点就是李登辉把自己的行为痕迹隐藏得很好,甚至误导了特工出身的蒋经国。不过,这种情况在生活中并不多见。我们只要通过长期的,而不是一次两次的观察,就能看到真相。

比如,一个人即使平时很邋遢,如果有客人要来,他也会把家里收拾一下。再比如,今天互联网上有一种现象,有的人出于虚荣心,会用租借奢侈品甚至盗用图片的方式把自己伪装成完全不一样的人。但是,一个邋遢的人不会每天都收拾家,即便收拾,也只会把表面收拾干净。如果你经常去他家,可以注意一下家具背面或者桌子下面,就会发现问题。乔布斯讲,看一件家具是否做得好,要看那些看不见的背面使用的是什么材料,也是同样的道理。

除了花更多时间、更细致地观察,我们还可以从多个维度来审视一个人的行为,看看是否有不一致的情况。当一个人坦然展现自己的时候,你从各个维度了解到的关于他的信息是具有一致性的。

比如,一个真正爱看书的人,家里大概率会有书架,平时言谈中不免会提到自己最近看的书,他可能还会有图书馆的借阅卡或者是电子书网站的会员，外出路过书店时也可能会进去看看。这些都是不同维度的信息，但具有一致性。刻意伪装的个人形象总是会露出马脚的，尤其是在日常生活中，人总有放松的时候，从而显现出本来的面目。

在谍战片中，经常会有这样一个场景：有人冷不丁地喊出间谍的真名，被喊到的人会有明显的反应。很多间谍就是这么暴露身份的。这种情节倒不是编剧瞎编，而是有心理学实验支持的。在一个心理学实验中，主持实验的人让一群人彼此用化名称呼，然后他冷不丁地喊出其中一个人的真名，这时那个人就会不自觉地产生反应。这个实验就说明，人即使刻意伪装，也会有露出马脚的时候。

我还有这样一种经验，就是有时可以刻意引导别人表达出他们真实的想法。你可以在无关紧要的事情上故意露出破绽，或者犯一点小错误，看看别人的反应。这时候你可能会发现，很多人对你的态度和平时是不同的。打个比方，你损坏了一件公用的小东西，这时你可以好好观察一下每个人对你的态度和平时有什么不一样。当然，这种事不要老去做，总是试探别人会让人感觉不真诚。

在介绍了这些识人的方法之后，我必须指出，无论我们用什么方法来判断人,都是不可能完全准确的,只能说某些细节意味着某种可能性的概率更大。

如果我们对一个人的了解本来是 50 分,那么通过留意他的行为举止和生活习惯,就有可能把对他的了解提高到 70 分。但我们不可能百分百地了解某一个人,而且一些细节背后也可能有着出乎我们意料的原因。因此,我们也要牢记,不要轻易对人产生偏见。多观察别人,不要轻易发表评论,很多事我们心里有数就好。

与时俱进的交友原则

我们的过往决定了我们的今天,但我们今天所要解决的是未来的问题,而不是过往的问题。因此,识人也好,交友也罢,要面对的都是未来的世界。

对于未来世界,我们有两种看待的方式。一种方式是我们主动地往未来世界走,这是一种正向思维。在进入未来世界的过程中,我们以什么速度前进、走哪条道路、接受多少新事物,全靠自己掌控,这就是大部分人常说的"走向未来"或者"迎接未来"。另一种方式则相反,是我们就站在这里不动,让未来向着我们扑面而来,这是一种逆向思维。既然我们不动,未来在朝着我们运动,那么我们就不要奢望去控制它的速度和形态,因为我们的预设和计划会显得很不准确,甚至有点荒谬——未来总会让我们感到意外。在对未来的不可控性有了心理准备之后,即使意外发生了,我们也不会措手不及,而是会好好欣赏意想不到的风景,与时俱进地适应未来。

适应未来,要解决一个很重要的问题,就是以新的思路看待身边的人——站在未来的立场上,而不是过往的立场上,选择合适的人交往。

在这次全球新冠肺炎疫情暴发期间,这个问题以特殊的方式被赤裸裸地摆上了台面。同时,我也有了一些闲暇来静心思考这个问题。因此,我更新了对这个问题的一些看法。

在世界和社会处于动荡局面之时,不仅是我,很多人都发现,自己和认识多年的亲朋好友,三观差异其实超乎寻常地大。很多人通过这段时间重新认识了自己身边的人。有一位朋友私下里和我讲,现在看来,只有三观一致的人才能抱团;如果三观不一致,即使血缘关系再近,也没话可聊。这其实是我们从熟人社会向生人社会过渡的必然结果。

过去我们看重亲戚关系、熟人关系、同学关系等,是因为我们彼此需要,这种需要大部分是物质层面的——生活有了困难,需要亲戚们帮一把;想做一件事情,需要同学和朋友一同参与。

过去我们能够接触和依赖的都是身边的人。与身边的人相处得越久，交情越深，遇到各种事情，我们就越觉得只有身边的人才靠得住。同时，因为亲朋好友和我们有类似的生活经历，甚至差不多的生活理念和知识结构，所以大家对彼此有认同感。前几年我每年都会回国几次，经常召集同学聚会，大家在一起，最不缺的就是这种认同感。

而当我们进入一个新的环境，一方面我们需要融入新的群体，得到新的认同感；另一方面我们也会对过去的老乡、同学特别关照，这是为了获得安全感。在这种情况下，太过强调独立、强调自己和别人不一样，有时不仅多余，还会妨碍自己融入群体、获得群体的支持和帮助。

这种做法有时被人叫作集体主义。但是，人的观念都是由现实需求决定的。如果现实决定了你必须融入群体才能生存，那就不能说重视集体的观念是过时的。

不过，今天的社会已经开始发生变化，社会分工越来越精细。虽然我们的生活依然需要借助他人的力量，但我们不再只能借助熟人的力量了，很多事情都可以交给更专业的陌生人去做。我们与陌生人的关系，是依靠法律和制度，而不是依靠人情来约束的，因此效率比以前高得多。

在这种情况下，我们自然不用再像过去那样依赖身边的人，不用再那么在意亲友和邻里的看法，或者服从于长辈的权威。在某种程度上，我们获得了自由，独立的精神也开始觉醒。

但我们依然需要与人交往，需要自我成长，需要互相认同。总之一句话，人需要朋友。不过，这时与朋友交往的目的，不再是生活上的依赖，更多的是思想和精神上的需求。今天你可能会从西部的小城市到北京读书，再到南方谋职，五年换三份工作，甚至在一个小区住了三年还不知道邻居的名字——面对这样的现实，我们不得不承认，世界已经变了。

今天，如果搬家，我们不会请朋友来帮忙扛东西，而是会直接找搬家公司。等搬完家，朋友们会到新居恭贺乔迁之喜。比起让他们出一身汗，我们会觉得来自朋友的真心祝福更受用。同样，如果要办一场婚礼，我们会交给婚庆公司或者酒店去做；如果住所需要修缮、维护，我们则会交给专业的装修公司去做。

我们对于朋友的需求改变了，与朋友交往的方式自然也就改变了。"三观一致"会逐渐取代血缘纽带、同窗友谊和邻里关系，成为友谊的重要因素。

感谢互联网，让我们能够把交往的圈子扩大很多倍，找到更多对自己成长和事业发展更有益的朋友。

过去我们总以为，网络是虚幻的，现实是真实的。在网络上，我们看不到一个人的样子，甚至不了解对方的年龄和性别，只能看到他的只言片语和转发的文章。因此我们对网络上遇到的人不太在意，毕竟他们在现实生活中和网络上很可能是完全不一样的人。但是换一个角度想这个问题，在现实生活中相处了很长时间的朋友、同乡或者亲戚，我们就真的能够看到他们真实的一面吗？也未必。

随着网络越来越渗透进我们的生活，很多人发现，通过一个人在网络上的行为，我们其实能够了解他的认知能力和判断力，进而能够了解他的思想和灵魂。从这个意义上讲，网络有其真实的一面。有时候恰恰是因为在网络上，人们可以抛去很多顾虑，表现出自己真实的一面；反而是那些日常在身边见到的人，有可能戴着虚伪的面具。

但这就带来了一个问题，如何通过网络上的交往来比较准确地判断一个人呢？

美国一些顶级名校在招生时的一种做法可以给我们很好的

启发。这些学校在招生的时候，会让学生提供一个清单，罗列自己平时看的书、杂志以及浏览的网站。通过这些信息，学校就可以了解这个学生的判断力。著名的经济学家、诺贝尔奖获得者阿马蒂亚·森讲，有无数可怜的人，他们长期生活在单一的，甚至被扭曲的、颠倒的信息之中。这可能是一些人在愚昧的同时却又十分自信的主要原因。

所以，如果一个网络上的朋友告诉我一件匪夷所思的事情，我总会问他，你是从哪里看到的消息？同样的道理，如果你想了解朋友圈中的某个人，就去看他平时读什么书，推荐什么文章，关注什么网站，使用什么 App，从什么渠道以何种方式获得信息，这样通常就能大致判断他是什么样的人了。

接下来的问题就是，网络扩大了人的社交范围，现在我们可以结交的人不是太少，而是太多了。那么面对那么多的人，我们应该如何挑选朋友呢？我有两点体会，或许对大家有参考价值。

第一点体会来自美国一些社会学家和心理学家对于婚姻的建议。

我们知道，今天人的寿命比历史上的农业社会时长了将近一倍。在这种情况下，真要像古代那样夫妻二人维持一辈子的婚姻并不容易。社会学研究的数据也表明，一个国家只要进入工业社会，离婚率就会迅速上升。

今天，很多社会学家和心理学家都认为，过去传统的对婚姻的要求已经不适用于当代社会了。两个同床异梦的人与其勉强生活在一起，不如各自去过自己的生活。当然，这不是说人就不需要婚姻了，婚姻也有好坏的差别，好的婚姻应该让双方生活得更健康，让双方都有所收获。

友谊也是同样的道理。在今天，想要维持长期的友谊并不比维持婚姻更容易。比如，你和中学同学、大学同学，因为人生经历彼此不同，平时能聊的话可能也不多，彼此的距离也越来越远，但这也不妨碍在合适的时候大家彼此来往。关键在于，无论是网络上的朋友还是身边的朋友，他们都应该让你的生活变得更好，彼此都能从这段关系中有所收获。

第二点体会来自社会学中"人的社会化"这个概念。

所谓人的社会化，是指人在成长的过程中，把所在环境的价值理念内化到自己心里。任何人在出生的时候，大脑都是空白的，人只有主动学习，勤于思考，大脑中的空白地带才会被有用的知识所充实。

不爱学习、没有好奇心的人，即便被别人强行塞入一些想法，也产生不了自己的思想。这样的人，要么永远头脑肤浅，要么很容易被一些经不起推敲的东西"洗脑"。这样的人当然不会给我们带来进步。如果身边这样的人太多,时间一长,我们自己的智商和见识水平也会被拉低。

在现在的社会中,人会从网络上得到大部分信息。在这个过程中,人就逐渐形成了自己的三观。读书越少,信息来源越单一,三观就越容易走极端。而那些能够从多视角、多渠道了解信息,经过自己思考看到事情全貌的人,往往经过了大量高质量的阅读,建立起了全面的知识体系。和这样的人交朋友,就可以提升我们的层次。

今天,我们的生存不再需要依赖特定的某些人,因此我们也不需要压抑自己去迎合他人了。但是,我们在情感上依然需要支持。我们可以到更大的范围内去寻找和自己在精神上惺惺相惜、在灵魂上产生共鸣的人。

如果把眼光放到全世界,我们未来要打交道的人会超越同一个城市,甚至同一个国家、同一种语言和同一种文明。未来,我们会需要在这种多元的环境中构建起新的社会关系,这是每个人都避免不了的问题。不仅我们是这样,我们的孩子可能在更年轻的时候就会遇到这个问题。未来正向我们每一个人走来,每一个人都要对此有所思考。

能力和人品哪个更重要

当我们能够识人,也知道面对未来该交往什么样的朋友之后,就需要回答一个现实的问题了:如果对方的能力和人品不可兼得,哪个更重要呢?其实我们在做投资时,永远要面对这个问题。

能力和人品属于两个不同维度的概念,我们显然无法简单地将它们进行比较,也无法简单地将两者得分相加再除以二,并以此作为判定的依据。这两个维度是正交的,它们的交叉组合大致将人分成了四类:能力强、人品好,能力弱、人品好,能力强、人品差,能力弱、人品差。

无论是投资还是结交朋友,我们都会希望找到第一类人,也就是能力强、人品也好的人，这类人常常是我们眼中的贤人。我们也肯定会远离第四类人，就是那些能力弱、人品还差的人，这就是人们常说的愚蠢之人。但是，如果找不到第一类人，我们就不得不在能力强、人品差，以及能力弱、人品好的人中作选择，这时应该怎么办呢？

《淮南子》中记载的一段对话，给我留下了深刻的印象。这段对话发生在姜太公和周公之间，这两人都是历史上有名的贤人、能人。在武王伐纣成功之后，姜太公被赐封于齐地，武王的弟弟周公则被赐封于鲁地，两个人就算是邻居了。有一天，姜太公和周公见了面，畅谈各自对治理封地的想法。具体情况是这样的：

> 昔太公望、周公旦受封而相见。太公问周公曰："何以治鲁？"周公曰："尊尊亲亲。"太公曰："鲁从此弱矣。"周公问太公曰："何以治齐？"太公曰："举贤而上功。"周公曰："后世必有劫杀之君。"

这段话的大意是：周公说，我们鲁国要用世家子弟为官，要以尊卑贵贱的礼法来治理鲁国。姜太公就指出，这样的话、鲁国将来就会成为一个弱国。那么齐国会怎么治理呢？姜太公说，齐国要任用贤能的人才来治理国家，根据业绩进行奖赏。周公就说，那么将来齐国必然会出现叛乱，会出现被乱臣贼子所杀的国君。

后来，两个国家的发展果然应验了这两位政治家的预言。西周灭亡之后，周王室独尊的政治格局被打破，各个诸侯国开始自由发展。齐桓公任用管仲等贤能之人，成了春秋霸主，不过他本人应验了被乱臣贼子所杀的预言；而鲁国任用世家子弟，抱着过去的礼法不变，结果越来越弱，也应验了姜太公的预言。

到了孔子的时代，鲁国当政的几位大臣分别叫作季孙氏、叔孙氏和孟孙氏[1]。从名字就可以看出，这些人都是王孙公子。在春秋时期，弱小的鲁国总是挨打。这时，如果让你来评价鲁国应该如何治理，你也许会同意姜太公的观点，就是应该任人唯贤，"举贤而上功"。这也是今天普遍提倡的做法。

但是，故事并没有到此结束。齐国的国祚传到第二十四世时，大夫田氏家族兴起，取得了国君的位置。虽然"齐"这个

---

1 "孙"为对当时贵族的尊称。

名称被保留了，但实际上已经是田氏的天下，而非姜氏的天下了。而鲁国虽然日益衰落，但还是传了三十二世才灭亡[1]，国祚比齐国长了一百三十年。从这个角度看，似乎姜太公的"举贤而上功"并不是一个更好的办法。

事实上，今天各种单位选拔人才时，更多的是把人品放在能力之前。比如，如果发现面试者有人品问题或者诚信问题，招聘方往往会直接否决；但如果发现面试者能力稍有欠缺，招聘方还是可以结合其他因素综合考虑的。有人觉得自己才高八斗却不受重视，他也许是忘记了，才干并不是唯一的影响因素，真实社会中的竞争不是考试，也不是单纯的"唯才唯贤"。和古代所不同的是，除了极个别的职位，今天绝大多数人的才干足以使其完成相关岗位的工作，"才"总是不缺的。

选人时把人品放在能力之前，还有两个明显的好处：

第一，人品好的人能力未必差，只不过他们往往更加谦逊，不喜欢张扬。

按理来说，两个能力相当的人，一个人品好，一个人品差，

---

[1] 这是《淮南子》中的记载，也有统计说是传了三十六世。

前者脚踏实地、日积月累，总会有所进步；后者喜欢投机取巧，总是改变方向，虽然看上去步子迈得很大，但叠加效应会很差，甚至自己不同时间的努力是在相互抵消的。

第二，也是更重要的一点，如果一个人的人品好，即使能力稍有欠缺，也有机会成长和改变；但如果一个人人品不好，你想要让他变成道德君子，那几乎是不可能的。

做风险投资的人和担任企业一把手、二把手的人，最担心的其实不是所托之人把事情办砸了，而是所托非人，因为前者是他们承担得起的风险。一次没做好，还有第二次、第三次机会。就算没有第二次机会，也无非是利益从1变成了0。但如果所托非人，事情办成了，成果却被别人拿走，养活了一个对手，利益就是从1变成了-1，甚至是-100。

因此，从投资者的角度看，更要避免的是与能力强、人品差的人合作。其实，这就是所谓的"小人"，小人本事再大，也需要远离他们。

我和很多投资人在回顾投资失败的原因时，都得到了一个类似的结论，就是投资失败的最大原因往往并非创业者能力不行，而是创业者的人品不佳。有些创业者利用第一笔投资把自己做大，然后甩给投资人一个空壳，又单独成立新公司去融第二笔资；然后再甩给第二个投资人一个空壳，自己再去融第三笔资。结果他自己越做越大，但是投资人都亏损了。投资失败的第二大原因往往也不是创业者的能力问题，而是政策的改变。比如，有些原本受到政策支持的细分领域后来不再受到政策支持，甚至变为受到限制，这属于一种不可控力。第三大原因才是创业者的能力不行。

这些都是我们用钱"买"来的经验，或者说教训。因此，对于人品有问题的人，最好从一开始就离得远远的，省得以后给自己找不痛快。虽然绝大部分人是不会去做投资的，但是古往今来，无论是任用下属还是交朋友，道理大致如此。

讲到这里，答案已经清晰了——能力和人品，还是人品更重要一些。但是，这个问题里其实还暗藏了一个前提，就是我们能够准确地判断究竟怎样才是能力强、怎样才是人品好。知道原则是一回事，但如果真的把两个人推到你面前，让你判断他们的人品好坏或者能力强弱，就是另一回事了。

比如，有张三和李四两个人，张三脑子灵活、反应快，能够及时发现问题；李四不如张三聪明，但是他善于处理人际关系，而且能够持之以恒地完成艰巨的任务。那么他们二人谁的能力更强呢？

人品问题同样复杂。比如，张三原则性很强，比较公正，但是也容易得罪人；李四懂得人情世故，更会待人接物。那是不是张三的人品就更好呢？未必，如果张三坚持的原则本身是有问题的，那情况会很糟糕。

这时候，很多人容易陷入一个误区，就是觉得对自己好、和自己谈得来的人，人品会更好一些。陷入这个误区是因为假定了自己总是正确的、好的。但是，如果我们自己犯了错误，比如因为年少无知或者一时不察而做了蠢事，此时需要的恰恰是能对我们说出逆耳忠言的人，而不是和我们谈得来的人。

曾国藩第一次率湘军出师，遭遇惨败，于是愤而投水，结果被属下救了起来。左宗棠不但不安慰他，反而数落了他一通，说他不忠不孝。曾国藩当时觉得委屈，但过一阵心里平静之后，再回想左宗棠的话，就觉得确实有道理，自己的行为确实有问题，如果坚持自己那些有问题的想法，那就是愚蠢了啊。曾国藩因此作出了改变。如果身边都是顺着他说话的人，恐怕曾国藩也只能在愚蠢的路上越走越远了。

今天有的人谈到曾国藩，会说他不过是因为恰巧在家守孝，得到了朝廷给的"帮办团练大臣"这样一个头衔，让他能够招兵买马，从此发迹。其实当时朝廷给了好几十个大臣同样的头衔，但其他人却都默默无闻；而曾国藩因为有左宗棠、胡林翼这样的朋友不断帮他纠错，他自己也有才有德，最后才成功了。

所以，要对人品和能力作出判断，我们可能需要丢掉个人的偏好和感情，并且加上成本。什么意思呢？可以用这样两个问题来解释。

第一个问题，你身边的二三十个熟人朋友中，你觉得谁最好，或者说，谁的人品最好？

对于这个问题，大部分人会很快给出答案，而且答案通常就是自己最好的朋友，因为这些人不但和自己投缘，还时常关心、帮助自己。

第二个问题，如果你要把自己一辈子挣的钱的十分之一投资给一位朋友，帮助他成功，他成功之后也会把自己所获得的财富的十分之一回报给你，你会投资谁呢？

这时很多人就要想想了，不会马上给出答案。通常，他们最后给出的答案和第一个问题的答案并不是同一个人。而第二个问题的答案，其实就是回答者心中身边最靠谱的那个人。

这个靠谱包含了两层含义：一是能力强，有能力做好事情，好友跟自己感情虽好，但可能并没有能力；二是人品好，值得信任，把钱投给他，自己将来能够得到回报，不会被坑。

事实上，每个人通常都能够判断出谁是自己身边最靠谱的那一位，这并不困难。但是，往往人们交的好朋友并不是身边最靠谱的那一位，而是自己觉得聊得来的人。这便是问题所在。

为什么要举投资的例子呢？因为只有当我们真的要付出真金白银时，我们才能对"是否靠谱"这件事有准确的判断；当我们不投入成本时，判断力似乎就变差了，因为我们会被自己的偏好所影响，觉得对自己好就是品德好。其实真正值得结交的人就在那里，我们心里是有数的，当我们真的要把自己十分之一的身家托付给一个人的时候，我们就会想到他。类似地，很多人在把自己的事业、家人托付给别人时，要考虑的也是对方是否靠谱。

如果你最好的朋友恰好就是最靠谱的那一位，恭喜你；如果不是，那么你可能需要反思一下了。

关于人品的话题，我在本书最后一章还会详细讲到。

学会道歉

挑选合适的人交朋友重要，和朋友和睦相处更加重要。朋友之间也少不了磕磕碰碰，甚至会出现有意无意的伤害，这时道歉就很重要了。不仅是对朋友，对其他人也是如此。因此，在生活中学会道歉是每一个人都应该有的能力。

有人曾经问我，是否向别人道过歉，很严肃很真诚的那种。我回答，有过，人不可能一辈子不犯错误，犯了错误就要承认，而承认错误的一个行动就是道歉。很多人会觉得自己一旦道了歉，就丢了面子，损失了名誉。其实道歉恰恰可以让人在名誉和利益上的损失降到最小。我们不妨从积极的角度来看待道歉这件事。

首先，道歉不仅是表达对他人的歉意，而且对犯错的人自身的成长也有益处。概括起来，至少有这样三个益处。

第一，承认错误、道歉，然后承担相应的责任，这本身就是一种美德，对个人是如此，对一个机构、一个国家也是如此。一个人具有这样的美德，才有可能赢得别人的尊重。

不管是什么人，如果做错了事情、给他人造成了损失，肯定会影响到自己的名誉，这也正是很多人不愿意承认错误的原因。但是，损失已经造成了，名誉并不会因为不承认错误就能自动挽回。一方面，承认错误，向受到伤害的人道歉，获得被伤害者的谅解，是恢复名誉成本最低的方法。另一方面，正是因为知道做错了事情要道歉，今后做事才能更加谨慎，少犯错误。

第二，道歉是让自己走出阴影最好的办法。

一个人犯了错误，给别人造成了麻烦、损失，甚至伤害到了别人，其实自己内心或多或少都会有歉疚。这种歉疚情绪如果长期积压在心里，也会成为自己生活的阴影。有些人不愿意承认错误，甚至顽固狡辩，在被别人揭发、证实之后依然拒绝道歉，因为他们觉得这样做能维持颜面。但周围的人对他们自有一番评价，已经丢掉的颜面是不可能通过掩盖和狡辩维持的。

更糟糕的是，由于没有承认错误，别人其实并没有原谅他们。他们也知道这一点，因此也害怕周围的人随时把伤疤揭开。这种负面情绪积压在心里的时间长了，对自己也会造成伤害。

第三，对于一个管理者，或者对一个机构来说，犯错之后承认错误并道歉，是重新凝聚团队精神所必需的。

对内而言，一个团队的管理者如果做错了事情，下属就会有意见；如果不承认甚至推诿责任，下属就会更加反感。上级知道了，也会对这个管理者另眼相看。但是通过道歉，管理者就可以把大家重新团结起来。可以说，勇于担当是领导力的一个重要体现。

对外来讲，如果因为某些错误损害了一个组织的外部形象和外部关系，要恢复正常的外部关系，也需要先道歉，得到受害一方的谅解，只有这样才能重建起新的关系。否则，双方关系受到的损害就会是持久的，即使表面上恢复了正常，深层的裂痕也难以弥补。

其次，什么样的道歉才是恰当的呢？道歉有两个基本要求，一是诚恳，二是及时。

先说诚恳。既然已经准备道歉了，就不妨大大方方地承认错误，不要"犹抱琵琶半遮面"了。很多中国人对日本政府就

"二战"问题对中国道歉的事非常不满,就是因为日本即使道歉也总是遮遮掩掩,缺乏诚意。这样的道歉是无法让人满意的,做了也是白做。因此,不要做没有诚意的道歉,这是无用功,做再多遍也是没有结果的。

再谈及时。发现问题后,最好是及时道歉,这样可以把损失控制在最小范围。不要等到问题暴露得越来越多再来补救,那时的损失就大了。

我们不妨来看三个例子,看完你或许就更能理解"诚恳"和"及时"这两点的重要性了。

第一个例子是强生公司的案例。强生公司有一款卖得很好的非处方药泰诺,这种药普遍被用来止痛和退烧。在20世纪80年代初,泰诺在美国成人止痛药领域的市场份额超过35%,年利润占到了强生公司总利润的15%以上。

但在1982年,发生了一起轰动一时的恶性事件:有人把氰化钾注入还未售出的泰诺药瓶中,最终导致7人因服用该药而死亡。这起恶性事件并不是强生公司的错,但媒体曝光之后对强生公司产生了巨大的负面影响,被称为"泰诺危机"。

这件事是因他人所致,并不是强生公司自己在药品的生产上出了问题,如果你是CEO(首席执行官),你会怎么办?

我们来看看时任强生CEO詹姆斯·伯克的做法：立即在电视上向消费者道歉，诚恳地承认强生有错。

伯克说，我们的瓶子设计有缺陷，容易被人打开。从这方面来说，我们公司负有不可推卸的责任，所以我向大家道歉。伯克还告诉大家：不要再用旧的泰诺了，因为那些瓶子的设计不安全。公司正在生产一种新的非常安全的药瓶，一旦被打开或者被破坏，上面就会有明显的痕迹让人能够察觉到。伯克同时还声明，所有客户都可以拿老的泰诺免费换取新的泰诺。然后强生公司马上采取行动，收回了当时所有药店货架上的泰诺，并全部销毁。

其实，当时的致死事件全部发生在美国芝加哥地区附近，基本可以推断犯罪分子应该是在芝加哥附近投毒，其他地方的药品大概率是安全的。因此，如果只召回芝加哥地区的药品，也可以让公司减少一点损失。但伯克坚持要召回所有药品，这个决定让强生公司付出了1亿美元的代价，这在当时是非常巨额的一笔钱。伯克还宣布，危机处理完毕之后，他会辞去CEO的职位。但事实上，人们都非常赞赏伯克的行为，强生公司的股价很快回升，甚至超过了危机之前；5个月之内，泰诺的市场份额就恢复到了危机之前的85%；1年之后，泰诺几乎完全恢复了之前的市场份额，强生公司也挽回了自己的损失。另外，由于消费者、投资者和公司上下对伯克的认可，他被挽留继续担任 CEO。

在强生公司 130 多年的历史上，比伯克业绩更好的 CEO 有很多，但是至今一说到强生的 CEO，大家就马上会想到伯克。这就是诚恳而及时的道歉给他带来的终身荣誉。

有正面的例子，也有反面的例子，比如丰田公司 2009 年的"刹车门"事件。

2008 年之前，丰田公司在北美的市场份额已经超过了通用和福特这两家美国公司，在市场上越来越受欢迎。但是，2009 年丰田汽车被爆出刹车有问题。数据显示，2000—2009 年，丰田汽车的刹车问题可能导致了 21 人死亡；在 2009 年 2 月份的 3 个星期内，又新增了 9 起相关的事故投诉，涉及 13 人死亡。但在处理这一危机的过程中，丰田公司一直拖拖拉拉、遮遮掩掩。

日本有句谚语，大意是说，"要是闻着发臭，那就盖上盖子"。丰田公司一开始就想"盖上盖子"了事，直到后来相关投诉越来越多，证据越来越确凿，他们才承认问题。这时事件已经在全世界范围内闹得很大了，几乎到了无法收拾的地步。

最后，丰田公司的掌门人丰田章男不得不在达沃斯论坛上向全世界道歉，并且表示要设立专门委员会来解决这件事，但为时已晚。

这件事最终让丰田公司在全世界大规模召回有问题的汽车，直接损失超过 10 亿美元，加上在随后 10 年间市场份额的下跌，以及股票的暴跌，总损失达到几十亿美元。直到今天，丰田公司在北美的市场份额（14%）还没有回到 2008 年（17%）的水平。

政界、科技界、企业界的领导者，不仅要对自己的行为负责、对企业负责，更重要的是要对客户、对整个社会负责。因此，能否勇于承认错误、及时道歉，是对一位领导者重要的考量标准。

有的人可能会讲，我不可能像汽车厂或者制药厂那样，犯了错误就会严重地伤害到社会公众，我是否有必要公开道歉呢？能否给自己留一份颜面呢？对于这个问题，我们也来看一个例子，看看不道歉会怎么样。

著名分子生物学家、诺贝尔奖得主戴维·巴尔的摩曾是麻省理工学院的著名教授，还主持创建了怀特海德生物医药研究所（Whitehead Institute for Biomedical Research）并担任首任所长。在国际生命科学界，他称得上是一位叱咤风云的人物。但他在担任洛克菲勒大学校长时，被牵涉进了一起学术造假的争议事件中。

1991年，巴尔的摩的一个合作者，塔夫茨大学（Tufts University）的日裔女教授今西香里，被团队中的一位博士后指控论文数据造假。当时被指控的文章是一篇发表于1986年的免疫学论文，今西香里和巴尔的摩是文章的共同作者，但研究是今西香里主导进行的。面对这一指控，巴尔的摩出面为今西香里辩护，说科学文章中出现错误是经常发生的，不能说出现错误就是造假。

但后来事态逐渐严重，以至于美国国会成立了一个调查组专门调查此事。而巴尔的摩此时表现得越发强硬，甚至质疑国会调查属于政治干预学术的行为。这件事越闹越大，学术界很多人对他提出了批评。洛克菲勒大学校董会认为，一个如此有争议性的学者不适合担任一所著名大学的校长，于是巴尔的摩被迫辞职。

此后，巴尔的摩回到麻省理工学院担任教授。1996年，今西香里论文事件的调查结果出来了，当时的指控并没有被证实。由于巴尔的摩在科学上作出过巨大贡献，1997年他被加州理工学院聘为校长。但几年后,他再次因为过去的下属卢万·帕里斯(Luk Van Parijs)学术不端的行为,辞去了该学院校长的职务。

虽然巴尔的摩本人成就巨大,获得过诺贝尔奖和美国国家科学奖,但这并不意味着他可以拒绝接受对他下属学术不端行为的调查,而且还拒绝承认错误。虽然这些错误并没有直接伤害到什么人,甚至巴尔的摩本人也不是直接的责任者,但是在错误面前拒不承认、拒不道歉的行为,依然会让他付出代价。当然,在学术界,大家多少要留点颜面,即便辞职也会找出一些相对体面的理由,让人觉得那件事可能尚未定案。但是媒体并不客气,从1996年到2007年,《纽约时报》等主流媒体都在批评巴尔的摩的做法。

我在《格局》一书中讲到,在必要的时候要止损。其实,道歉也是一种止损,是对于名誉和利益的止损。只有在该道歉的时候道歉,才有重新开始的机会。

如何防止被他人左右思想

在传媒发达、人际交往频繁的现代社会，保持独立思考的能力很重要。而和独立思考相对应的，就是被人"洗脑"。被"洗脑"后，损失的不仅仅是自己的思想，还有自己的切身利益。

2021年底，国内各个媒体都报道了这样一条新闻。某家化妆品企业被爆是传销公司，6亿元资产被冻结。《人民日报》也发文对该事件进行了评论，表示要"剜掉网络传销毒瘤"。这家企业的创办者是来自中国台湾地区的一对艺人夫妇。在人生的前40年，他们和化妆品行业毫无交集，却能够利用微商做幌子，在短短数年时间里，做到月营业额达153亿元，还成了当地的纳税冠军。问题被爆出来后，大家才发现，那些几百元一盒的所谓特效化妆品，不过是成本4块钱的廉价代工品。很多人得知真相后大呼上当。但问题是，为什么有那么多人会上当呢？简单来讲，就是被"洗脑"了。

"洗脑"这个词诞生得很晚，它最初在世界范围内出现，与美苏冷战时期两国的情报竞争有关。相传当时两国都制造了一种可以改变人类心智的机器。不过，根据英国作家多米尼克·斯垂特菲尔德在《洗脑术》(*Brainwash*)这本书中的阐述，"洗脑"这种说法是一个神话，世界上并不存在某种装置或者技术能够立竿见影地改变一个人的心智。

但是，通过各种方式影响甚至操纵他人心理和思想的做法却古已有之。从古埃及留下的《亡灵书》[1]中可以得知，早在3000多年前的古埃及，就有各种所谓的通灵者、秘密团体和邪教领袖，他们通过各种方式来操纵人们的心理。在随后的几千年里，这些为人所不齿的"技巧"也在随着技术的发展而发展，

---

1 指古埃及帝王死后放在陵墓和石棺中供死者阅读的书，是人类遗留下来的最著名的文献及最早的文学作品之一。内容多是对神的颂歌和对魔的咒语，同时也包括丰富而生动的古埃及神话和民间歌谣。现存的《亡灵书》大多是从金字塔和古代陵墓中发掘出来的。

不断变换花样。但是，不管洗脑术怎么变化，一些基本的原则都是类似的。概括来讲，洗脑者常用三种技巧让人逐渐忘记独立思考，封闭开放的心态，使其最终听信他们所捏造的谎言，从而达到攫取利益的目的。了解了这些"技巧"，我们就能更好地避免被"洗脑"。

第一个技巧就是抓住对方的弱点。

"洗脑"的受害者，通常都是被洗脑者抓住了弱点的人。比如，古代很多信巫术的人是因为疾病缠身而痛苦不堪，即使是身居高位的人也会如此。比如汉武帝、唐太宗这些著名的古代君主，到了晚年病痛缠身，身边就出现了一些方士或者神棍；再比如末代沙皇尼古拉二世，他也曾被妖僧拉斯普京玩弄于股掌之中，而这与尼古拉二世的孩子被血友病所折磨有很大的关系。

美国有研究认为，最容易被"洗脑"的往往是那些生活不幸的人，包括长期失业者、刚刚离婚或者失恋的人、慢性病人、刚刚失去亲人的人、社会边缘人士，等等。

这些人有一个共同特点，就是非常需要帮助而又非常无助，于是很容易被洗脑者乘虚而入。因此，洗脑者有一个常见的行为特征，就是强行制造焦虑，让本来没有问题的人觉得自己有问题。焦虑让人恐惧，恐惧让人痛苦，这样一来，洗脑者就有了可乘之机。

比如，我见过不少子女抱怨家里的老人乱花钱买保健品，但是他们平时却很少关心老人，电话都不打一个，更不要说陪伴老人了。这实际上就是把老人丢进了一个孤独的环境，此时老人被卖保健品的人乘虚而入也就不奇怪了。这些卖保健品的人会刻意挑拨老人和子女的关系，讲子女反对老人吃保健品是因为怕花钱，让老人不信任子女的反对意见。失去子女支持的老人会变得更脆弱，更容易被"洗脑"。而且，很多孤独的老人会结成一个小圈子，结果就是一个老人被卖保健品的忽悠了，一群人都会跟着受害。

有一次，我太太的一个长辈打电话过来，让她帮着鉴定一种保健品。我太太一看那东西就知道是三无产品，成分不明，一年还要花掉四五万元，便告知这是骗人的东西。这位长辈就讲，他们小区有不少老人都掉进了这个骗局，但这位长辈因为社会关系比较丰富，能够及时和晚辈沟通，就没有被忽悠。

洗脑者很难控制心智健全的人，他们的目标往往是那些弱者，并且会将弱者与其周围心智健全的亲友隔开。所以，要避免被"洗脑"，就要保护自己的心理健康，不要被强行制造的焦虑所感染。如果在生活中确实遭遇了不幸，可以向亲友和专业人士求助，不要依赖来历不明的人。

第二个技巧，就是通过击垮对方的自尊心，让对方放弃原来的想法，接受洗脑者所灌输的想法。

在战争中，这种做法常被用在对战俘的审讯和策反上——先是隔离，然后通过言语和行为上的侮辱来击垮对方的自尊心。虽然在肉体上虐待战俘已经被《日内瓦公约》明令禁止了，但很多时候，精神上的打击比肉体上的酷刑更能摧毁一个人。

相信大家对"斯德哥尔摩综合征"都不陌生。1973 年，2 名劫匪抢劫了瑞典首都斯德哥尔摩的一家信贷银行，并劫持了 4 位银行职员。在与警察僵持了近 6 天后，劫匪最终投降了。然而几个月之后，当初那 4 名被绑架的银行职员却仍然对劫匪心存怜悯，甚至对警方采取敌对的态度。这种受害者对加害者产生情感依赖的现象就被称为斯德哥尔摩综合征。这其实也可以看作是一种"洗脑"的结果。

生活中，我们几乎都不会被绑架，但很多人可能在职场上遭遇过精神上的打击和控制。比如，被领导贬低得一无是处，却在精神上屈服于这种权力关系。再比如，有的老板让员工无报酬地加班，还称能够"996"地工作是员工的福报。有的人最初会反感，时间长了却会反过来为老板的这种做法辩护。

我并不反对加班，我自己也曾经一星期工作 70 小时。但是我所赞同的加班有两个前提：第一，要个人自愿；第二，要有回报和补偿。这种补偿不一定是通过加班费的方式直接给予，也可以是通过股票期权的方式补偿，或者是通过晋升的机会回报。但现在很多企业的加班是要求员工无偿奉献，他们的一种惯用逻辑是，离开了公司你什么都不是、经济形势不景气、公司给你工作机会是一种恩赐，等等。

我给很多年轻人做过报告，每当我讲到年轻人可以有很多就业选择时，就有人觉得我是站着说话不腰疼。有的人会说，我们没有选择啊，离开了现在这家公司，我们怎么生存呢？其实，在经济增长速度如此快的中国，怎么可能没有其他选择呢？中国经济高速发展和在中国没有其他就业选择，这两件事显然是矛盾的。如果脑子里有这样的想法，就是被"洗脑"的结果。很多年轻人在不知不觉中，成了职场"洗脑"的受害者，认为自己离开了这家企业便一无是处。同样地，有的家长经常把孩子贬低得一无是处，然后说孩子只能如何如何，以后能有碗饭吃就不错了。虽然这只是家长一时的气话，但从行为来讲就是"洗脑"，其结果是摧毁了孩子的自尊心和自立的能力。

如何防范这一类的"洗脑"呢?最简单有效的办法就是抛开感情因素,就事论事地做判断。比如,被强制要求加班,我好不好找工作是一回事,对方违反劳动法要求无偿加班是另一回事。既然法律规定了不能强制加班,那么公司这样要求就有问题。类似地,对于斯德哥尔摩综合征的患者来讲,劫匪可怜不可怜是一回事,他们违法了是另一回事。

第三个技巧,就是恐吓受害者,必须"和其他人保持一致",不能有自己的想法。

很多人放弃独立思考能力,内心变得麻木,都是出于这种恐惧。"从众"的压力深埋于人类的心理之中。曾经有心理学家做过实验:让一些大学生做选择题,然后假装无意间透露一些信息,说某道题大部分学生选择的是某个答案(这个答案其实是一个错误选项)。在接收到这种信息之后,很多原本做对了题目的人,往往会把自己的正确答案改成那个"大众"的错误答案。这就是典型的从众压力。

洗脑者往往会借助人性的这一弱点,在一个问题上将个别人孤立出来,形成一个"局部的大多数",让这些个别人屈服;然后再在另一个问题上孤立另一部分的个别人,让他们屈服于大多数;如此炮制几番,最后在一个小圈子内大家就都接受了洗脑者的想法。

现在网络上所谓的"带节奏",很多时候就是通过"水军"制造出一种"局部的大多数",引导一些人放弃自己的看法。在前面讲到的明星开传销公司的例子中,当千百万人都被忽悠进去之后,他们就形成了"局部的大多数",有的亲朋好友会惧怕他们的压力,最后放弃独立思考的行为,开始变得人云亦云。时间一长,他们便习惯了屈服于大众的压力,最终丧失独立思考的能力。

如今互联网特别发达,一些意见领袖的声音被迅速传播,极易在社交媒体上形成"局部的大多数"。在这样的社会里,做到独立思考不仅更加有必要,也是一种特殊能力的体现。当我们了解了洗脑者常用的技巧之后,再面对洗脑者时,就能够有更高的警惕意识和更清晰的防范意识。

此外,今天我们接收到的信息往往是过剩的,而且很多信息实际上属于"有目的的信息",即被他人用来对我们"洗脑"的信息。对此,我们要做到以下三点:

1. 远离那些不可靠的、强行制造焦虑的信息源;
2. 任何事情都要从多个渠道、正反两方面获取信息;

3. 主动走出去获取信息,而不是只靠被动的推荐算法来获取信息。

这样,我们就不容易被网络上嘈杂的声音所左右了。当然,最重要的是,我们需要建立强大的内心,这样才不容易被别人的精神酷刑所恐吓和击倒,才能坚持自己的独立思考。

最吸引人的谈资

赢得朋友的好感和友谊，需要聊天；维持良好的朋友关系，也需要聊天。我们和有的人聊天会非常开心，时间不知不觉就过去了；和有的人聊天，则很想快点结束、逃离现场。决定聊天效果的因素有很多，而最重要的，可能要数谈资了。

好的谈资通常有三种，我们先说说第一种：亲身的见闻和经历。

鲁迅在《阿Q正传》里讲了这么一件事。

阿Q在未庄处于社会最底层，所有人都看不起他。但就因为进了一次城、有了谈资，原本是小混混的阿Q，居然赢得了未庄人的关注，顺带着地位也提升了不少。原文写道，"（阿Q）

在未庄人眼睛里的地位,虽不敢说超过赵太爷,但谓之差不多,大约也就没有什么语病的了"。

阿Q的谈资,比如将长凳称为"条凳"、煎鱼用葱丝、女人不同的走路姿势,甚至孩子们会打麻将,等等,在城里是稀松平常的事情,但在没出过门的未庄人听来却很新鲜。至于城里革命党的事情,乡下朴素的农民更是闻所未闻。

对于亲身的见闻吸引人这一点,我是有切身体会的。

大概在我上初中的时候,我父母的同事每次出国回来,总会跟我们分享些不一样的见闻。不管他们本人是否健谈,有了这些谈资,他们就会成为大家谈话的中心。当然,现在大家出国的机会多了,也能从电视、互联网上看到国外的新闻,原来那些寻常见闻也就不再是谈资了。

从信息论的角度看,当一些内容被大家了解了以后,它们的价值就降低了。这个时候,如果我们还想讲出不一样的内容,就要依赖我们的独特经历了。古人常说,要行万里路。走了万里路,才会收获别人见不到、听不着的信息。

但同样是行万里路,不同人带回来的谈资也会相差很远,因此这万里路怎么走就很有讲究了。我在大学时读到《培根随笔集》中《论远游》[1]这一节，很受启发。

培根先强调了走万里路的重要性。他讲，"远游于年少者乃教育之一部分，于年长者则为经验之一部分"。接着又说了出门前要做好准备。在他那个时代，他提倡最好要先学会当地语言，找有学问的人带着一起去，并且随身携带当地的地图和书籍，以便随时查阅。

这样，等到了国外"有何人当交，有何等运动可习，或有何等学问可得"，心里就有数了，否则就"犹如雾中看花，虽远游他邦但所见甚少"。培根还说，每到一个新的地方，值得去做的事情非常多，从参观宫廷、见识外国的正规活动，到游历古迹和景点、观看当地的戏剧演出、参加当地人日常的活动，不一而足。这个时候要注意选择，不要在同一个城市长久逗留。在每个地方待的时间，要根据当地的游览价值来决定。此外，培根还建议我们在远游时记日记，把所见所闻写下来。这个建议我觉得非常好。

我后来无论是出差、旅行，还是到一个地方短暂生活，都

---

[1] 《培根随笔集》在国内有多个译本，本书引用的是曹明伦翻译、人民文学出版社的版本，译文优美、有古意。

会特意去了解当地的文化和风俗民情。虽然我做不到坚持写日记，但是也会用相机做记录，同时在脑子里整理一下哪些事情值得讲给朋友们听。

我们今天的信息环境比从前发达太多，虽然不一定要按照培根的建议逐条照办，但是事先做好功课、事后做好整理，我认为还是很有必要的。

接下来我们说说第二种谈资：我们阅读的内容，或者从别人那里听到的事情。我们每个人都经常扮演转述者的角色，因此我们实际上是经常把从他人那里了解到的事情作为谈资使用的。不过需要注意的是，有些内容并不适合作为谈资。

首先是热点新闻。虽然大家都喜欢聊新闻，喜欢发表意见和看法，但其实绝大部分新闻内容都是众所周知的，缺乏新颖性。换作是我们自己，也并不想听早已知道的，或者已经上了微博热搜的事情，这是人之常情。如果一定要谈，最好能讲出独到的见解。

其次是小道消息。老实说，小道消息确实是有信息增量的，很多人也爱听，甚至会把它当作获得信息的重要来源。但我还是建议大家不要把小道消息当作谈资。人是很矛盾的，虽然这类谈资给他们提供了信息，他们也听得挺兴奋，但心里还是会觉得这是流言蜚语。如果你经常说小道消息，他们还会给你打上"爱说八卦"的标签，甚至在心里瞧不起你。你提供的信息日后若是被验证了是真的还好，如果被证实是谣言，就会损害你的名声和信誉。

退一步讲，就算一次两次的小道消息有价值，长期来看，一个人也不大可能一直有准确的小道消息。如果是有内部知情人士，那他们要么是透露了本该保密的信息，要么是侵犯了别人的隐私，问题就更严重了。

再次是我们的专业知识。很多人忍不住把自己的专业知识当作谈资，如果找到对口的人还好，如果没找对人，谈论这些内容很可能会把原来轻松的氛围搞得很紧张。比如，张三和女朋友一起出去吃饭，一定要谈会计知识或者工程知识，这就很不合时宜。

最后是小说。很多人以为，小说内容是很好的话题。其实，这也要视情况而定。

如果对方读过那本小说，比如《三国演义》或者金庸的小说，内容他都知道了，那转述情节就没什么意思。如果他没读过，我们就需要很会讲故事，否则接下来就是一个人在那里干讲，另一个人觉得浪费时间。至于一些小众的、不算流行的小说，很可能我们自己喜欢，但别人不一定喜欢。因此，如果一定要把小说当作谈资，我建议多谈对大家熟知的人物的分析和看法。比如，可以谈谈你对曹操的看法。当然，这需要有独到的见解，简简单单地说"曹操是枭雄"是没有任何信息量的。

讲完了不适合作为谈资的内容，我们再来看看哪些内容最适合作为谈资。从信息论的角度讲，一类是新知，因为大家不知道，所以特别有价值；还有一类是通识和科普知识。需要注意的是，这里说的科普知识跟前面说的专业知识不太一样，它们属于专业领域里的常识，但却是大部分外行人不知道的。而且，这些知识可应用的范围又特别广，比如音乐、绘画的基础知识，一些和健康相关的常识，等等。

第三种谈资，也是我认为最有价值的谈资，就是经过自己的头脑加工出来的内容。当然，这些内容需要原始素材。

今天，仅仅背下百科全书是没有用的，这一方面是因为人们可以从很多渠道获得这些知识，另一方面是因为那些知识的表述方法未必适合大众接受。打个比方，照搬照抄的知识就好比做菜用的食材，虽然食材和成品的营养成分大体一样，但是很少有人愿意直接吃，更何况很多食材加工以后才好消化。因此，像百科知识这样的信息素材，最好加工成"菜肴"，再拿出来说给别人听。

同一个场景、同一本书、同一篇报道，每个人读出来的信息都不一样。有的人能发现问题，而有的人做不到；有的人能把这些素材深加工，从信息推导出新的结论，而有的人只能看到信息点和知识点。比如，我们看拉斐尔的名画《雅典学院》（见图1-1），有的人看到了拉斐尔的高超画技，有的人解读出了画里的每一个人其实都代表了古希腊的一段文明。要加工上述知识，就需要了解古希腊的文化、思想和科学成果，更需要把各种知识打通，并且加以认真思考。

图1-1 拉斐尔《雅典学院》

加工信息，产生新知，是需要付出成本的，有时还是很高的成本。你可能听过一个关于培根的传闻,说培根之死和母鸡有关。那是1626年开年的一个风雪天,培根突发奇想,想研究一下冷冻和防止腐烂的关系,于是就抓了一只母鸡去雪地里作实验,结果得了感冒,引发了支气管炎,最后病死了。

在此不对这个传闻的真实性作讨论,只是想说如果我们了解培根,就会感到这个传闻与他素来的思想和行为是一致的。培根对自然有着强烈的好奇心,这种好奇心促使他不断探索新知,从而讲出"知识就是力量"这种掷地有声的名言。可以说,培根能成为哲学史和思想史上的重要人物,和他对知识的不懈追求有密切的关系。

总之,亲身见闻和经历、阅读来的内容和听别人说的事情,以及经过头脑加工出来的新知,都可以作为谈资。但在所有这些谈资里,真正吸引人的是最后一种。我们见识了世界,了解了各种知识,用自己的头脑加工处理,把它们打通,这样才能升华自己的认识。毕竟,好的谈资应该是对听众来讲有意思的、有启发的知识和思想。

第二章
洞察力

▼

Chapter Two
Insight

别人看到的事情自己早已看到，别人看不到的东西自己也能发现，这就叫具有洞察力。洞察力不是天生的，而是后天培养出来的。培养洞察力最有效的方法，就是借助一些工具。

分析历史事件的八个维度

洞察力首先来自看问题的全面性和深度,而全面性并非面面俱到,因为那样不仅没必要,而且没有可操作性。对于一般的问题,通常掌握几个分析的维度就够了。即便是对影响力深远的历史事件,从八个维度考察也就足够了。这八个维度是美国的大学里学习历史、研究历史的标准路径。但需要注意的是,并非所有的历史事件都会同时在这八个维度上产生影响。我们不妨来看一看这八个维度和历史的关系,理解一下洞察和分析复杂问题的方法。这些方法完全可以用到考察当下的事件中。

第一个维度,是民族和国家认同。

历史实际上是关于国家和民族的故事,而非几个英雄人物的故事。

翻开《二十四史》，里面大多是关于个人的故事，而且往往是直接讲述；关于国家的故事反而非常少，常常需要我们通过个人的故事加工后复原出来。

由于记叙历史的人复原的方法、重点和价值观不同，最后呈现出来的关于国家和民族的历史也就完全不一样了。比如，对于宋朝，陈寅恪先生认为它是中国历史上最好的朝代，而钱穆先生则认为它是积贫积弱的朝代。今天的人写历史，通常会直接从民族和国家这个维度上写，这也是今天的历史专著和过去的《二十四史》的区别。

既然民族和国家是主体，那么学习历史，首先就要了解某个民族和国家是怎么来的、国家内各民族的人是如何对一个国家和政权产生认同的。比如，要了解古罗马的历史，就需要了解它是如何从拉丁人的部落开始，通过联合萨宾人和伊特拉斯坎人等三个部落组成罗马人公社，然后一步步在亚平宁半岛建立起王政、共和国和帝国的；在这个过程中，它又是如何将古希腊、古埃及、小亚细亚、高卢、英格兰等地的居民整合到一起，构成一个多民族国家的。类似地，要了解清史，就需要了解汉、满、蒙、回、藏各个民族是如何对大清这个国家产生认同的，而不是简单地理解成清军入关取代明朝就完事了。

第二个维度，是经济、贸易和科技。

过去的历史书，对经济、贸易和科技讲得比较少，而学历史的人对这些内容常常也没有兴趣。但是不妨想一想，其实历史上的每一个人，一生中大部分的时间并不是在打仗，而是在从事经济建设和贸易。而且在人类的整个历史过程中，只有科技是唯一不断进步的。基于这些事实，我们就知道从经济、贸易和科技维度了解历史的重要性了。

在古代，人们对历史、政治、军事乃至宫廷斗争的了解和关注，远比对经济的关注多得多，这可能是出于对权力的崇拜。事实上，过去的历史书也不是写给老百姓读的，而是写给统治者参考的。但是今天情况不同了，对我们来说，关注社会的变化和发展，特别是经济和科技的发展，远比关注打仗或者宫廷政变要重要得多。这种变化也成就了从经济学等新的角度研究历史的人。比如，费正清过去被认为是全世界研究中国历史最有成就的人之一，主要就是因为他从上述角度重新分析了中国历史，得到了很多与过去不同的结论。现在国内不少历史类新书，也是从这个角度来看待历史，给读者带来了全新的认识，让读者很受启发，比如马伯庸先生的《显微镜下的大明》。

我写历史也大多是围绕经济、贸易和科技展开的。这倒不完全是因为我要迎合潮流，更重要的是因为从这个维度看待历史更具有现实意义，能够为大众思考社会问题提供样板。

第三个维度，是地理和环境。

这也是过去历史书中缺失比较多的一个维度。实际上，在中国历史上，决定汉民族活动疆域最重要的因素就是地理和环境，其中包括地形、地势的限制，如东部的大海和西部的高原、戈壁的限制；还包括常常为人所忽视的气候条件，比如400毫米等降水线这条森林植被与草原植被的分界线。

为什么这条线很重要？因为这条线以北，气候就不适合农耕而适合游牧了，所以它通常是中国农耕民族和游牧民族活动范围的分界线。长城的走向和这条线高度重合，这不是巧合，而是因为如果把这个边界再向北推，汉民族政权即使短时间内能打下来，也守不住。类似地，800毫米等降水线则是中国水田和旱田的分界线，它和秦岭—淮河一线是重合的。这也就是为什么在南北对峙的朝代，大家常常以秦岭和淮河为分界线。因为在军事上，固然南方难以对拥有骑兵的北方构成威胁，但北方的骑兵过了这条线，进入水网密布的南方，优势也不容易发挥出来。

但是在过去的历史书中,这个事实被历史学家们忽略了,这主要是因为他们对地理、气候和生物学的了解有限。过去的历史学家只能把王朝的兴衰归结到个别明君贤相、昏君奸臣身上。而事实却是,地理和环境的影响,可能比个人的影响要大得多。理解了这一点,就能理解什么叫作历史的必然性。用这种思路分析当下的商业现象,就会发现,很多外在趋势的决定作用要远远超过一些人的主观影响和具体决定。这也是我写《浪潮之巅》的初衷之一,即个别企业家的作用,远远抵不上大趋势的作用。

第四个维度就更贴近人了,那就是人口的流动、迁徙和安顿。

中国的历史在很大程度上就是北方民族不断往南迁徙、渗透和融合的历史。今天你可能注意过这样一个现象:中国北方民族,包括华北和东北地区的人、蒙古族和朝鲜族的人,脸部脂肪比较厚,特别是眼睛下方会有眼袋状的脂肪;而岭南人瘦脸圆眼的比较多,这其实就是民族融合的结果。中国北方地区的人,很多是2万年前从西伯利亚来的蒙古人的后裔,或者具有较多早期蒙古人外貌特征的人的后裔,那些地区的人需要抵抗北方严寒的气候,因此脸颊有厚脂肪,而眼睛下方的脂肪则是为了防止雪地反射的阳光对眼睛的伤害。你如果看过橄榄球和棒球比赛，会发现球员的眼睛下面要涂上厚厚的黑色颜料，那也是为了防止地面反光影响打球。中国南方地区和东南亚的人，很多是 4 万年前进入该地区的马来人的后裔，或者具有较多马来人外貌特征的人的后裔。从南方来的人不需要抵抗严寒，因此脸上的脂肪较薄，骨骼显得突出，眼睛就显得比较大。

在中国的历史上，发生过多次大规模的移民和迁徙。它们不仅塑造了中国历史的走向，也塑造了今天全国各地的民风民俗，甚至影响到了周边国家的形成。比如，今天中国周边中亚各国的形成，和中国西部、北部在历史上的人口迁徙有很大关系。因此，要全面了解历史，人口的流动、迁徙和安顿这个维度是不能忽略的。

但是，过去的历史书总要确定一个正朔[1]，而且常常是将中原的汉民族王朝作为正朔。类似地，19 世纪之前的西方历史学界也有欧洲中心论的历史观。这种历史观在过去没有问题，但在今天，我们需要意识到，实际上是生活在中华大地上的全体人民共

1　此处指古代封建王朝正统地位。

同书写了中国的历史,一如世界各国共同谱写了世界史。

第五个维度,是政治和权力。

这也是过去历史书中最常强调的、最主要的,有时候甚至是唯一的维度。《春秋》和《战国策》中记载的基本上就是政治、权力变迁和战争的事情。政治和权力对于一个国家来讲当然很重要,但它只是多个维度中的一个而已。如果大家翻阅一下最近30年出版的历史书,特别是西方人编写的历史书,就会发现这部分的占比非常小,可能也就是1/8。这倒不是因为政治和权力不重要,而是因为我们过去太看重这个维度了,过度放大了它们在历史中的分量。

第六个维度,是时间和空间,也就是将一个国家的某一段历史放到更广阔的视野中来考察。

在今天的历史学界,有一个被称为"大历史"[1]的概念,其核心就是从更大的时间和空间维度来考量一个历史事件。

空间维度主要是指一个国家在世界上的位置和作用。比如,我们要客观地理解中国近代史上的"五四运动"和"废除

---

1 这个词如果从英语里直译过来,就是"宏历史"的意思。

二十一条"这两件事，就不能不了解世界史上的巴黎和会和1921年召开的华盛顿会议。很多人知道"五四运动"，也有很多人知道"二十一条"，但是很少有人知道为什么后来"二十一条"悄无声息地消失了。其实，这就和巴黎和会的延续——华盛顿会议紧密相关。在华盛顿会议上，美国鼎力支持中国废除"二十一条"。而美国为什么会这么做？这就又要回到当时的国际局势了——美国希望通过支持中国来削弱欧洲和日本在世界政治舞台上的影响力。总的来说，很多历史事件，我们要想真正理解它，就必须回到一个大历史的视野。

时间维度也很重要。比如，我们要了解士族政治在中国历史上的作用，就不能光了解士族大家主导政治的魏晋南北朝，还要了解它形成的汉朝和瓦解的武周朝的历史，甚至还要将其与先秦的贵族政治和唐宋以后的依赖于科举制度的文官集团政治作比较。

第七个维度，是国家内部地域之间的文化差异和关联。

我们都知道，因为中国幅员辽阔，不同地区之间的文化差异也很大。而有差异，就有文化之间的互相作用和影响。比如，我们今天说的普通话，和明朝的"官话"有很大差别，这是因为今天的普通话受到了东北地区满族语言和口音的很大影响。

中国是世界上少有的长时间保持"大一统"的国家，在其他国家内部，地域之间的文化差异就更明显了。比如印度，你可能听说过印度的大乘佛教和小乘佛教之说。按我的理解，这就与地域之间的文化差异大有关联。流行于印度北部的大乘佛教，带有古希腊思辨哲学色彩。这是因为亚历山大大帝和他的部将塞琉古一世在远征时将希腊文明带到了那里，两种文化得到了融合。而在印度南部，希腊文明的影响就小得多，因此发展出来的佛教形态也与北部有所不同。

进一步地，由于印度北部和中国相邻，具有思辨色彩的大乘佛教文化就影响到了中国，而印度南部的小乘佛教对中国的影响就相对较小。但是，小乘佛教从海上这条路线传播到了东南亚，因此东南亚各地受到印度南部小乘佛教的影响就较大。

我在《文明之光》一书中介绍元青花时，就是从文化融合的角度来讲解其历史的。类似地，今天一些历史学家通过丝绸之路或者白银贸易等具体的事件，能够把中国各地的历史和文化关联起来。

第八个维度，也是最后一个维度，就是社会结构。

我在《文明之光》中介绍日本明治维新时，从社会结构的角度出发，解释了为什么日本的维新容易成功，而中国同时期的变法就相对艰难，原因就在于这两个国家的社会结构不同。日本虽然属于中华文明圈，但是它的社会结构有点像英国，都是封建制，搞君主立宪比较容易。而中国是"大一统"的帝国，当时其实不具备君主立宪的基础。我们过去讲历史时，对社会结构的分析常常过于简单，比如传统的划分法有地主和农民，或者士农工商。其实在每一个不同的历史时期，社会结构都存在复杂的差异。

以上这八个维度，基本上适用于对任何历史事件的分析。当然，你也可以再寻找其他维度。但无论如何，需要有一些固定的、能覆盖各种历史的维度。这种方法不仅是今天学习和研究历史的方法，也是我们分析和解决问题的方法。

今天的人学习知识比过去的人更快，获取社会经验比过去的人更快，看问题比过去的人更全面，一个很重要的原因就是今天我们获得认知、积累经验的方法比过去好。在古代很少有人有这样宏观的大视野，学者们的关注点通常还是放在了零碎的细节上或者仅仅浮于表面，那是因为他们没有一个被不断验证的全面看待问题的框架，包括上述看待历史问题的八个维度。

今天我们有了这样的工具，就应该有效地利用它们来看待身边的事情，看待现实生活中的现象。比如，我们在分析各个公司的特点时，从员工组成、技术特点/商业模式、所在地政策、业务扩展轨迹、管理方法、行业地位、内部文化、公司结构这八个维度来考察，就不会觉得找不到头绪了。当然，你也可以试着自己整理出几个维度，来分析身边的人和事。

怎么理解"选择"和"搭错车"

今天流行着一种观点,就是再努力也不如找对方向。这句话没有错,因为一个人要是沿着错误的方向努力,就会离目标越来越远。那么,怎样才能找对方向?事实证明,找对方向并不容易,而且很多找对了方向的人,其实只是运气好,他们事后总结的经验未必能保证别人也能得到同样的结果。这个道理很多人都懂,于是他们想到了另一种防范自己搞错方向的做法,就是在每个方向都尝试一下。如果人的生命有 1000 年,这可能不失为一种好方法。但是人生不足百年,而且真正在社会上活跃的时间恐怕不足 50 年,因此太多的方向等于没有方向,而没有方向比选错了方向还糟糕;而比没有方向更糟糕的,则是选择了一个方向之后，又轻易地全盘否定了这个方向。

著名的美籍英裔作家西蒙·斯涅克在一次 TED 讲演[1]中说过这样一句话，很多人一辈子一事无成，是因为他们总觉得自己搭错了车。我在得到 App 课程《信息论 10 讲》中谈过一个观点，就是人在起步的时候要保留更多的可能性，但故事总有下半段，人最终需要选择一条路走。而且有些时候，其实是"条条大路通罗马"。

我们的父辈由于没有那么多选择，也因此免除了选择的烦恼。但即便到了我这一代人，十几岁时面临的选项也并不多。我在高中的时候，基本上只有两条路可走，要么上大学，将来有个"铁饭碗"，要么早早地找工作，养家糊口。我当时就在想，我将来一定会读大学，然后和我喜欢的人结婚生子，像我父母那样，在学校里一年一年地生活下去。20 多年后，我和我的同学们谈起这件事，惊讶地发现他们年轻时的想法也大抵如此。很多人面对那种处境选择了顺势而为，这样可能过得也很

---

[1] TED 是 "technology, entertainment, design" 在英语中的缩写，即"技术、娱乐、设计"。TED 演讲是美国的一家私有非营利机构组织的演讲大会，这个大会的宗旨是呈现"值得传播的创意"。

幸福——在一个自己熟悉并且眷恋的环境中终老，身边的人和自己过得差不多，没有对比也就不会产生"搭错车"的遗憾。

不过，那个让一些人眷恋的、省心的时代已经渐渐远去，新的时代正在扑面而来。今天，人们面临的选择太多了，于是选择就变成了一个重要的问题，而且它所带来的烦恼似乎要超过带来的欣喜——一方面，人们面对选择不知如何是好；另一方面，很多人很容易为自己的选择后悔，因为他们后来看到了其他选择带来的结果。

现在面对太多的选择，很多人总担心一次错误的选择会造成终身的遗憾。其实这种担心大可不必。因为虽然不同的选择会把你带到不同的目的地，但每个地方都会有独特的风景。

我经常被问到一个问题：该不该出国留学？这个问题其实就和你如何看待"选择"有关。

我自己在 20 多年前出国读书，当时留学要比现在难得多，不仅前途的不确定性更大，而且在经济上要完全依赖于奖学金，风险是很大的。那个时候，我读到了一个故事，很受启发。后来我把这个故事写在了给女儿的家书中，并收录在《态度》这本书里。这里我们不妨再回顾一下。

从前，有一个年轻人要离开家乡闯世界。临行前，他找到一位智者咨询。那个智者给了他三封信，对他说，第一封信等到了目的地打开；将来遇到过不去的坎儿的时候，打开第二封；什么时候闲下来，再看第三封。

这位年轻人到了国外，打开第一封信，里面就简单地写了几个字，"往前走，去闯"。于是他便义无反顾地去奋斗了。不过他的面前困难重重，人生地不熟，求学的道路也不顺利，有时还要为下一顿饭发愁。他经历过失败，也常常被人们嘲笑。当他觉得坚持不下去，想打退堂鼓时，想到了智者的三封信，于是他打开了第二封，里面的内容依然很简单，"别灰心，继续闯"。于是，这位年轻人又振作起来，艰辛地一步步往前走，最终闯出一片天地。

又过了一些年，这个人功成名就了，也不再年轻。他回首自己走过的路，有成功的喜悦，也有失败的忧伤，虽然所得不少，但是代价也是巨大的。当年留在国内的同学，有些反而比他更有成就。他不知道自己走的路对不对，无意间他想到当年那个智者留给他的信。在过去的很多年里,他要打拼,甚至忘了第三封信。这一天他突然想起来,非常好奇那位已经逝去的老者几十年前留下了什么话,于是他打开那封信。里面依然只有几个字,"随缘,别后悔"。

在一个陌生的社会里,生活大抵就该如此吧。

回到前面那个"该不该出国留学"的问题。说实话,如果没有任何目的,只是想到海外过过水、涮涮脚,对于家里不差钱的人来讲自然没有问题。但如果留学的费用对家庭来说是一个不小的负担,那这笔钱还不如省下来。当然,绝大多数计划留学的人,我想还是有一个明确目的的,就是接受更好的教育,开阔自己的眼界。在这种情况下,那三条锦囊妙计想必对你也适用。

2021年,一位读者朋友在我的得到App专栏《硅谷来信3》下留言。这段留言很有代表性:身边有很多年轻人,为了练就一身本领、接触多元化的文化,远赴千里到美国"吃苦",有的人为了留美的工作签证或者身份,拿着不公平的工资,忍受着糟糕的工作环境。请问,像这样到美国"吃苦",究竟值不值得呢?

我经常被问到类似的问题。对此，我的看法是，很多人觉得困惑、苦恼，其实并不是真的无路可走，而是哪条路的好处都想要。

早年间到国外打工收入高，不少人就想尽办法出国；现在中国发展起来了，有人就开始考虑是否当初搭错了车。一些人真正希望的是，既能得到在美国发展的好处，又能得到在中国发展的好处，但同时既不愿意在美国的大公司里"爬梯子"一级级晋升，又不愿意在中国"996"地上班。其实世界上的机会很多，无论走到什么地方，有能力又肯干的人总会看到让自己惊喜的风景。无论你坐上哪一班车，如果只坐一站地，那自然总是走不出自己的圈子。

当然，还有的人自身能力不行，却觉得换一条道路就有机会了。其实，不会游泳的人，换一个游泳池，照样游不起来。但有的人想不明白这个道理，觉得只是因为这个游泳池人太多了，游不开，于是换一个游泳池，结果不会游泳的还是不会游泳。生活中有不少这样的例子。比如，有的人在留学中介的帮助下，进入了一所很不错的美国州立大学，但因为学业基础没有打好，自己又不下功夫补，结果还是跟不上。

大多数情况下，决定一个人能走多远的，是他自己的品质和能力,而不是他上了哪一班车。如果品质和能力不变,就算重来一次,换一班车,可能最后还是会到达同样的地方。

我问过不少人,如果人生能够重来一次,你是否还会选择同一条路,包括婚姻、所从事的工作,以及对子女的教育。他们认真思考后,七八成的人给我的答案是,估计还会走同样的路。即便个别人会选择走另一条路,他们也都比较确定自己的婚姻状况、经济状况、社会地位,甚至身体情况,不会有太多的改变。

为什么会是这样的结果呢?因为很多人即便觉得现在的目的地不够好,也无法保证换一班车就能到达更好的地方。

"搭错车"的情况其实非常少,很多看似不经意的选择,背后其实都有一个人自身强烈的意愿。因此即便再来一次,恐怕依然会如此选择。

如果人们处于一个没有太多选择的社会,就不会有什么好后悔的。但是在今天的世界,每一个人都有很多选择,而未来的世界,选择可能会更多。

很多人误以为选择多就可以不那么努力,就可以所有的好处都得到,所有的目的地都能到达。如果没有达到所有的目的,似乎就对不起这个提供了很多选择的时代。这是一种错觉,是把交通工具和目的地搞混了。

我有两个朋友是一对兄弟,他们当初的学习成绩和个人能力都差不多。后来,一个选择出国,成了教授;另一个选择留在国内,成了企业家。两个人虽然走在完全不同的人生轨迹上,但都不后悔,也过得都很开心。既然上了车,到了站,接下来把心思放在看风景上就好,不要总是想着如果上了另一班车,是否会看到更好的风景。

怎样能过好一生,其实就是那三个锦囊中的几句话:往前走,去闯;别灰心,继续闯;随缘,别后悔。

怎么看待"愚蠢"

有些话题其实是值得一谈的,但一般我们只会跟自己信得过的朋友谈。因此接下来要谈的这个话题,我曾经考虑再三,是否要谈,因为谈不好会得罪很多人,这个话题就是"愚蠢"。

我之所以选择了冒险谈"愚蠢",是因为我们在工作和生活中回避不了这件事。一方面,我们总是努力避免做"愚蠢"的事;另一方面,我们在工作和生活中难免会遇到不适宜打交道的人,被他们拉进"愚蠢"的大漩涡中。因此,与其讳疾忌医,装作看不见,不如认认真真地思考这个问题,以便能够识别它、应对它,这对我们的成长会大有好处。一个人愚蠢的错误犯得少了，好运气就会比别人多。

　　需要说明的是，智商不高、知识不足这些情况，并不属于这里所讲的愚蠢。我们知道有大智若愚、大巧若拙的情况，一个人智商不高，也可能有别的优秀品质；一个人现在知识不足，也不妨碍他以后能够成长进步。这样的人和愚蠢没有什么关系。

　　但真正的愚蠢就不同了，它不仅会妨碍一个人的生活和成长，很多时候还会影响到其他人。英语里有一种描述"愚蠢"的说法很有意思，就是"knowing the truth, seeing the truth, but still believing lies"。意思是说，知道了真相，看到了真相，却依然相信谎言。不过，这里并没有说是故意为之，还是力所不及。西班牙语中也有类似的对"愚蠢之人"的描述，讲一个人如果对自己错误的行为不自知，就是愚蠢。换句话说，就是自以为是，看不到自己的无知。从这两种描述都可以看出，是否愚蠢，和学历、地位或者财富都没有关系，甚至和智商也没有太大的关系。

　　不过，即使是愚蠢，也可以分为两种。

　　一种是暂时的愚蠢。一些人或许是因为年少无知，或许是因为一时不慎，不经意间做了蠢事。但只要懂得谦逊的道理，养成学习和思考的习惯，总能逐渐摆脱愚蠢的陷阱。

著名的哲学家卢梭在他的《忏悔录》中讲述了自己少年时做的很多蠢事和丑事，但在后来的学习中，他追求理性，潜心思考，最终改变了自己。我们很多人都有过类似的经历，人无完人，难免做出错事，但只要能够看到自己的错误，愿意改变自己，走上正确的道路，我们终将摆脱愚蠢的思维方式，得到成长。

另一种是难以改变甚至不可改变的愚蠢。这里面又细分为两种类型。

一种类型是目光短浅，根本看不到自己的不足和错误，并对此不以为耻，甚至反以为荣。历史上的很多昏君便是如此。比如北齐后主高纬，在国家风雨飘摇的时候，仍然荒淫无道，甚至自毁长城，杀害手下的名将高长恭、斛律光等人。再比如金朝的海陵王完颜亮，篡位之后猜忌大臣，残暴滥杀，最终在叛乱中被杀。在今天的生活中，我们有时也会看到类似的现象。比如，在职场的权力斗争中，有些人觉得事不关己，就跟着起哄、落井下石，直到有一天自己也成为权力斗争的牺牲品。

另一种类型则是只有小聪明，没有大智慧，却自视甚高、高傲自大。用莎士比亚的话讲，"聪明人变成了痴愚，是一条最容易上钩的游鱼；因为他凭恃才高学广，看不见自己的狂妄"。我在《硅谷来信3》中讲过美国股市上的"韭菜"们长啥样。这些年轻人的受教育程度并不低，智商也不低，只是自己的智商和所受的教育并没有让他们在投资中完全摆脱愚蠢的做法——他们不断把辛苦挣来的钱送给投资机构，于是被视为"韭菜"。

类似地，社会地位高也未必就让人更加睿智，有地位的人未必不会做蠢事，这样的例子在生活中比比皆是。我过去在做生意时注意到一个现象，那些生意场上的"老油条"，经常被那些他们看不起，甚至被他们笑话为"乡巴佬"的人骗。可见，当一个人自觉自己很聪明时，他可能离愚蠢就不远了。

历史上的崇祯皇帝也是如此。崇祯皇帝并不愚笨，否则也不会那么轻松地扳倒魏忠贤。但正是因为很早就获得了巨大的成功，他陷入了傲慢的误区，认为自己总是正确的，出了问题都是因为臣子们水平太差。有的电视剧里经常出现所谓的霸道总裁，有的还把"霸道"当成了有领导力，这显然是脱离了现实。现实中的"霸道"留不住人心，光杆司令又谈何领导力呢？

如果在生活中遇到其他人做了蠢事，尤其是如果遇到了第二种情况中的两类愚蠢之人，我们应该怎么办呢？

有一个误区是，想要改变对方的愚蠢。这并不是可取的做法，因为这往往是无效的，还会浪费自己的时间和精力。

通过前面的内容可以看出，愚蠢并不是无知，有一些愚蠢的人恰恰是自以为有道理，而且自有一套怎么说都能圆回来的逻辑。有一句玩笑话是这样说的：和愚蠢的人争论，会被他们拉到他们的低水平上，然后被他们在低水平争论中丰富的经验所打败。

十几年前，马伯庸先生写过一本讽刺小说《殷商舰队玛雅征服史》，用魔幻现实主义的手法虚构了一个殷商舰队航行到美洲新大陆的故事。结果多年后不知怎么以讹传讹，有人竟然把虚构小说当成历史观点来讲，把小说中一些幽默讽刺的笔法当成历史证据。比如，他们说"印第安"其实就是"殷地安"，这个"殷"字就代表商朝。这当然是无稽之谈。但因为他们自有一套逻辑，和他们理论简直是白费劲。

因此，在生活中遇到有人做了蠢事，对方如果只是一时糊涂，我们不妨给他一次机会，这也是给自己机会。但如果对方表现出那些难以改变的愚蠢的特质，我们不如珍爱自己的时间，选择远离。

当然，比起在生活中遇见做蠢事的人，会对我们造成更大影响的是在工作中遇到这样的人。2018年圣诞节期间，我跟硅谷的其他华裔顶级企业家聚会时，就谈到了在职场上怎么识别那些不可靠的人。对于企业来说，只有避免让这样的人出现在团队中，才能让员工有更好的协作环境，工作才会更有成效。根据我们的总结，一个人如果具有以下三种特质，就需要特别注意：

1. 精明而不聪明。有这种特质的人通常依靠本能认知或者固有认知指导行动，非常懂得趋利避害，是那种典型的"精致利己主义者"。他们可能常常笑脸迎人，看似友好，却没有什么是非观，不在意道德约束，任何蝇头小利都不会轻易放过。你很难和这类人讲行为的体面、合作与共赢，因为他们看似精明，其实愚蠢。

2. 好为人师。好为人师的人在工作中可能曾经小有成绩，有一些不完备的经验，却把这些成绩和经验看得太重，自以为是，遇到问题容易先入为主。这类人在谈论到自己有一点经验的话题时，会表现得好像无所不知，以教导别人为乐事，在心态上总有一种优越感。但到了实际工作中，就会发现他们往往是言过其实。

3. 不更新自己的知识，固执己见，对新事物和外部环境抱有敌意。这类人通常获取信息的渠道很单一，主要是朋友圈和各种社交媒体。用现在流行的词来说，就是陷在自己的"信息茧房"中出不来。一旦习惯了这样的环境，他们就会固化自己的观点，遇到什么事都很快下结论，但这种结论只是现成的结论，并没有经过思考。对于与自己认知不一致的内容和观点，这类人会毫不客气地反驳甚至谩骂。

我有一次在某个派对上遇到一个笃信阴谋论的人。他受过良好的教育，却坚定地相信很多阴谋论，包括关于骷髅会和共济会的各种传闻。后来我了解到，这个人很少看各种大媒体上的新闻，却喜欢通过自己加入的各种论坛、朋友圈获得信息。时间一长，他就认为自己所在的小圈子里的观点是正确的，而外面大多数人的观点是偏见。这样的人，我们是无法改变他的，还是敬而远之为上。

我曾经请教过社会学家和心理学家，个人的愚蠢是否有什么社会原因或者心理原因。我得到的答案是，愚蠢常常来自狭隘和自以为是，对于陌生的东西，不是去了解，而是武断地下结论，并且认为自己总是正确的，甚至希望用自己的观点同化他人。换句话说,就是无法容忍差异。

我们常讲,世界因差异而美丽。实际上,并非所有差异都是美好的,有些差异也许会让我们痛苦。但是,我们依然需要允许这样的差异存在,否则我们自己就可能陷入愚蠢。

登上珠穆朗玛峰和成为亿万富翁,哪个更容易

世界上总有一些事情让大家觉得遥不可及,甚至想都不敢想。比如,登上珠穆朗玛峰(以下简称"珠峰")、获得奥运冠军、获得诺贝尔奖和成为亿万富翁[1]。但是,如果一定要给这四件事的难度排序,结果会很有趣。

我问过身边不少朋友这个问题,发现大家认为这四件事从易到难分别是成为亿万富翁、登上珠峰、获得奥运冠军和获得诺贝尔奖。换句话说,我身边的朋友们大多认为,相对于其他

---

1 通常说的亿万富翁是指拥有 10 亿美元以上净资产的人,即 billionaire。

三件事，成为亿万富翁还算简单的。有意思的是，这个判断和真实情况相去甚远。我们不妨来看一下真实的数据。

全世界有多少亿万富翁呢？截至2021年，只有2000多人；如果算上历史上的亿万富翁，大约能达到3000多人。而截至2019年，登上过珠峰的人就已经超过了7000人，远远超过亿万富翁的人数。奥运冠军就更多了，最近的几届奥运会，每一届都会产生大概1000位冠军——虽然奥运会的比赛项目只有300多个，但其中包括足球、篮球等团体项目，所以金牌获得者的人数其实远超这个数字。诺贝尔奖获得者的人数是最少的，100多年下来还不到1000人。不过，如果考虑到投身于科学和文学事业的人本身就远远少于投身于商业的人，那么商业从业者成为亿万富翁的概率，可能还要小于学者、作家获得诺贝尔奖的概率。

这样看来，我身边的很多朋友其实远远低估了成为亿万富翁的难度。那么，为什么人家会低估这件事的难度呢？因为这里面存在着一些认识上的误区。

一个目标是否容易达成，要看这是一个什么样的目标。单一标准的目标是容易达成的，如果这个标准能够量化，那就更容易了。相反，如果一个目标的实现，是由全方位的多项因素决定的，甚至每个方面都未必有统一的衡量标准，那它达成的难度就非常高。

我们前面说的四件事里，获得奥运冠军这个目标应该是最明确、最容易量化衡量的。一名运动员百米跑了 10 秒还是 9.9 秒，这是清清楚楚的事实。而且，在培养出一名奥运冠军这件事上，世界上有大量有经验的教练。按照他们的方式训练，运动员的成绩是可以得到稳定提升的。

同理，在专业老师的指导下学习一门乐器，只要认真努力，练习不打折扣，一个人进步的速度是非常明显且稳定的。

但是，登上珠峰这件事就要复杂很多了，因为它需要的不仅仅是单一技能。各方面的配合，以及天气等偶然因素，都会产生影响。因此在 21 世纪之前，能够登顶珠峰的人并不多。但是到了今天，登珠峰已经被分解成一套常规动作了。我身边就有 4 个人登上过珠峰，其中有一位还是中国第一个完成"7+2"[1]壮举的女性。从他们的描述来看，登顶的过程虽然非常艰苦，但一步步都是有迹可循的。前面说到的那位完成"7+2"

---

[1] 指登上各大洲第一高峰，外加到达过南极、北极。

壮举的女性是我在清华计算机系的师妹，后来她甚至参与到攀登珠峰的培训工作中，培训的对象还是青少年。

我们再来看获得诺贝尔奖，这件事的难度就陡然增加了很多。非常重要的一个原因是，对于一项之前尚未有人完成的研究，不存在一个套路让人去模仿。且不说目标不清楚，就连应该选择哪个课题、往哪个方向努力，都是不确定的。而且，在研究的过程中，研究者的水平也不可能简单地用量化指标来衡量。一个研究课题能否完成，考验的是科学家的综合素质；而这个课题能产生多大的影响，常常要几十年之后才知道，学者在做研究的时候并不能预测。比较起来你会发现，预测奥运冠军这件事不太难，但要预测诺贝尔奖获得者就不容易了。

最后我们来看成为亿万富翁这件事。这里不考虑那些通过继承财产成为亿万富翁的人，仅看那些通过自己的努力完成这个目标的人。他们绝大部分都是创业者，还有一些是职业经理人。而创业这件事，就是典型的复杂且没有统一标准的事情，会受到很多因素的影响。而且，创业者的创业方向也各不相同。这不像登珠峰，前人开辟出了一条路，你就可以沿着这条路走。

当然，有人会说，创业也有方向啊、产品做得好，市场做得好，创业成功的可能性就大了。但你想一想，什么叫"产品做得好"，这本身就是难以衡量的。

同样是手机，你拿头部品牌的手机和其他品牌的手机对比，大家的硬件指标可能都差不太多，但头部品牌的手机价格可能是其他品牌手机的两倍，而且用户还更买账。所以"产品好"这件事情，是不容易量化衡量的，从而也就常常不清楚改进的方向。

再来看市场，有人会说市场可以量化啊，用户多，市场就做得好。但用户多是结果，而不是原因。都是花钱做广告，为什么有的品牌花了钱市场占有率就能够上去，还能保持，有的品牌花了钱却只是"昙花一现"呢？这里面的学问就多了去了。

你如果去了解亿万富翁的故事，会发现他们很少有通过走别人的道路成功的，几乎都是走出了一条自己的路。我认识不少亿万富翁，可以很肯定地讲，他们每个人做的事情、走的路都不大相同。

今天很多人做事情的一大误区，就是把多维度的事情简单地投射到一个或者几个维度，把不该量化的事情用一些指标去衡量。

本来，把多维度的事情简单化，设定量化衡量指标，这并不是一件坏事，很多时候这样做是非常有效的。比如，针对奥运会的百米赛跑，我们需要设定一个标准的赛道，用统一的钟表计时，把跑步这件复杂的事情简化。否则，如果单纯去问谁是世界上跑得最快的人，就很难衡量。毕竟，这个快是指长跑快，还是短跑快？是在海拔6000米的高山上跑，还是扛着50斤武器在沼泽地里跑？这些都说不清楚。

　　类似地，高考根据分数来选拔人才也是一样的道理。人才的培养和选拔本身是一件多维度的事情，高考首先是把考量的范围缩减为很少的几个维度，也就是几门课；然后用分数来量化考察学生的知识水平和学习能力。这种衡量方式很简单、很清晰，但是肯定不能全面地反映一个学生的真实水平。只能说在考虑到选拔人才的各种成本的前提下，这是目前最好的方法。但我们还是必须意识到，应试教育存在一个问题，就是把人才培养这件复杂的事情简单化，而且过分依赖量化指标。我们从小接受这样的衡量标准，久而久之，这种思维方式就会影响全社会的共识。

　　我们经常会听到身边人讲这一类的话：我家孩子是个好学生，成绩都是A。这显然就是把好学生这个原本应该从多维度考量的事情，变成了从成绩这一个维度来衡量。我们还经常会听到这样的说法：张三当年在学校里远不如我，哪知道他今天能混得这么好。其实,那个所谓的"远不如"未必是真的,很可能只是他当年成绩不好而已。

不仅对孩子的教育是这样,在其他方面也一样,大家做事都围绕着量化指标展开。比如,今天单看论文的数量,中国在国际期刊上发表的科学和工程方面的论文几乎是全世界最多的;看专利的数量,中国公司拥有的专利数也在世界上名列前茅。但在这些庞大的数据里,真正了不起的成就占了多少呢?如果你把那些论文或者专利读一读,就会发现里面的水分很大。

这种追求单一指标的做法,实际上是人们在从小受教育的过程中学会的。今天的中小学生,常常被训练得习惯于用单一标准去衡量是非好坏。久而久之,他们就懒得培养自己真正的综合能力,懒得去做那些别人没有做过的、又难以用数据衡量的事情了。

如果去问一个普通人,你觉得自己能得奥运金牌吗?估计绝大部分人都会承认不能。但如果问,你能成为亿万富翁吗?有些人可能就会说,那也不是没有可能。为什么会这样呢?

这正是问题所在。人们对于自己能够看得见的弱项,不得不承认。比如,平时百米只能跑13秒,那他们就明明白白地知道自己跑不进10秒。而那些无法用数据衡量的弱点,很多人就不愿意承认了。比如，几乎没有人会认为自己情商低、自大、固执、营销能力弱，等等。这些都是一个人在商业成功道路上的"绊脚石"，但因为没有量化指标，很多人就用各种方式去否认，并且时间一长，会真的认为自己挺完美的。由于这些素质不能量化、不能测试，通常它们也不会成为升学或者求职时的硬指标，结果就是很少有人会承认这些"不可量化"的缺点，就算承认了也不重视。

我们谈这个话题，当然不是说大家真的需要去开个公司挣上10亿美元，而是想提醒大家，很多事情的难度就体现在它的复杂和难以量化上。如果我们习惯于把单一维度的量化指标作为衡量标准，就会低估很多事情的真实难度。如果在个人成长上也采取这种做法，就可能会导致一些能力的缺失，而我们甚至还不自知。因此，无论是做事还是个人成长，都需要去关注更多维度的因素，关注那些无法被量化的能力。明白了这一点，即使成不了奥运冠军或者亿万富翁，我们也能在原本的基础上更上一层楼。

面对现实才能获得更好的发展

很多人一听到"面对现实"四个字,就觉得这是对现实的妥协。其实,"面对现实"是一种脚踏实地的态度,是我们通往理想的第一步。对今天的年轻人来说,"面对现实"还是我们了解社会、实现职业理想的有效方法。为什么这么说呢?我们先来看两组数据,它们分别来自中国青年网下属的在线媒体中青校园的两份就业调查报告。

第一组数据的主要调查对象是高校应届毕业生。2021年6月,中青校园就毕业后的择业问题在全国普通高校抽样调查了5762名应届毕业生。当然,不同的统计方式会得出不同的结论,这里我们主要关注以下几个问题。

先看看高校应届毕业生怎么选工作方向。排在最前面的是考研，占比为48.32%，接近一半。紧随其后的是找工作，占比为33%。再往后，有12%的人准备创业、3.8%的人要考公务员。也就是说，每3个人里，有1个人打算直接工作。

接下来看看找工作的人情况如何。从数据来看不是很乐观。只有5%的人说工作好找，有6%的人说不了解。通常，这种说不了解的，大概率是工作已经安排好了，比如留校或者被用人单位直接要走了，没有直接进入求职市场，因此也属于好找工作的范畴。继续看，有12%的人认为找工作的难度还好，但关键是有76%的人觉得找工作很困难，这个数据远远超过了一半。

近年来整体的就业形势不好，这是一方面的原因。但另一方面，我认为这也和大家没有好好考察现实有关。我们接下来看一些细节。

我们对数据进一步拆解分析，会发现有36%的人希望进入国有企业，还有25%的人首选党政机关，这两个数加起来就超过了六成，只有13%的人选择民营企业。但如果我们看一下中国的劳动力分布情况就会发现，一半以上的就业人口都是在民营企业工作的。也就是说，这部分被调查的同学，大多忽略了占就业人数一半以上的民营企业。

再看看大家心仪的就业城市，22%的人想去北上广深，44%的人想去省会城市，15%的人选了中小城市，13%的人选了沿海发达城市，4.6%的人选择了回乡。读完大学想去一个好地方是人之常情，不过有一个现实情况是，北上广深4个城市的人口加起来不足8000万，仅占中国总人口的6%左右。[1]此外，尽管北上广深的工作机会较多，但那里也是全国人才竞争最激烈的地方，考虑到这个现实情况，一般的大学生想要在那里找到一份满意的工作确实不容易。

最后，也是最关键的，就是大家对薪酬的期望值。

调查显示，毕业生中有39%的人期望月薪是5000～8000元，有27.25%的人期望月薪是8000～10000元，还有18.62%的人期望月薪在10000元以上。这样的期望值意味着什么呢？我国刚刚跨过中等收入国家的门槛，中产阶级的规模还不算太大。如果我们用人均收入计算，那么一个人年收入达到或超过平均水平，基本上就算是中产阶级了。

根据2020年国家统计局的数据，城市里人均年收入大约

---

[1] 根据第七次全国人口普查数据。

是 3 万多元。也就是说，一个三口之家，年收入大约为 10 万元。2018 年，我国把个税起征点从 3500 元提高到 5000 元后，纳税人数直接从 1.8 亿骤降至 6400 万。换句话说，如果你在国内够得上交税，就算得上是高收入人群了，这相当于城市居民前 10% 的水平。对于大学毕业生来说，这个目标是完全可以达到的。

月薪在 10000 元以上，目前在我国，薪资排名能到前 2%。大学生刚进入社会就希望达到这个水平，这个愿望很好，但从现实来看，其实有不小的难度。前面的数据提到，有 76% 的人觉得找工作难，可能也和这个预期有关。从整体来看，这组数据里的大学生对就业所持的态度并不乐观，估计是有了一些找工作的经历，多少体会到了生活的艰辛。

接下来要说的第二组数据，和上一组数据大相径庭，用一句话概括就是，大家对未来的就业普遍持乐观态度。

这组数据也来自中青校园的调查报告，但时间到了当年（2021 年）的 9 月份。这次调查虽然距上一次调查仅仅过去了 3 个月，但是抽样的对象是新学期刚刚升入毕业班、还没开始找工作的大学生。顺便说一句，这次抽样调查的人数是 2700 人，虽然比前一次调查的人数少了一半，但依然足够多。

在期望月薪方面，有超过 20% 的人期望月薪过万，还有 8.2% 的男生和 3.25% 的女生期望月薪过 5 万元。甚至有高达 67.65% 的人认为自己 10 年后年薪能过百万。这个期望值不仅远高于他们的师兄师姐，也让所有身处职场的人大跌眼镜。

一份工作能有百万年薪，这个想法当然很好，但其实并不容易做到。据我所知，在中国，即便是上市公司的高管，也只有 20% 的人能做到年薪百万。把 100 万元换算成美国或英国的货币，即 15.7 万美元或者 12.1 万英镑[1]，分别是这两个国家前 10% 和前 5% 的人的年薪。我们国家一定会有年轻人在大学毕业 10 年后挣到这么多钱，但占比要达到 2/3 左右，难度比较大。

可能有的同学会说，我们国家现在发展这么好，很可能 10 年后我们的薪酬就会大幅超过美国人和英国人了啊。

我们先用数学知识算笔账。

这几年，中国每年的工资增长率在 4%~8%，随着经济增长速度放缓，未来工资增长率很可能也会受到影响。就算将来每

---

1 根据 2022 年 4 月的人民币汇率换算。

年能继续增长8%，10年后就是增长116%。也就是说，今天年薪46万元，也就是月薪3.8万元的人数，差不多是10年后年薪100万元的人数。

再从逻辑角度分析。我国之所以在过去的40年里发展很快，其中有一个原因是GDP的基数低，尤其是大家的工资普遍很低。不得不承认，这是中国产品在世界上具有竞争力的因素之一。

我国每年的大学生就业人数差不多占到新增就业人数的一半，如果2/3的人收入超过英美两国挣得最多的一群人，那么产品的人工成本会增加，市场竞争环境也会发生变化，这都会给经济增长带来挑战。

历史上很多国家都经历过经济高速增长、人均收入大幅提升的阶段。但是，当那些国家的人均GDP开始接近甚至超过美国的水平时，经济竞争力就开始下降。于是，人均收入不仅无法再跟美国继续缩小差距，反而再次被美国远远地甩在了后面。比如，日本1995年的人均GDP是美国的1.5倍，到2020年只有美国的6成。经济学家们估计，今后这个数字会跌到4成。韩国和中国台湾地区也是这样，早些年跟美国人均GDP的差距不断缩小。但是2011年后，中国台湾地区的人均GDP定格在美国的 42% 就不动了；韩国的人均 GDP 在 2011 年达到美国的 50% 左右后也停滞不前了。经济学家们预测，未来这两个地方的人均 GDP 可能会低于美国的 30%。还有欧盟，2008 年人均 GDP 是美国的 76%，2020 年则不到美国的一半；德国作为欧盟的"领头羊"，2008 年金融危机前，人均 GDP 曾达到美国的 94%，但在 2020 年降到美国的 71%；至于意大利、葡萄牙和希腊，情况就更糟糕了。

曾经和中国、印度一同被看好的俄罗斯、南非和巴西，现在已经不是增长，而是衰退的问题了。我国能够取得今天的经济成就，可以说是人类奇迹。未来也许我们会继续创造奇迹，但保持谨慎的心态也是很重要的。我们仍然需要面对现实、了解现实。

对今天还在学校的大学生朋友来讲，面对现实的第一步就是了解社会。在前面提到的第二组数据中，有 64% 的大学生希望将来能进互联网公司工作。但我们把市场上的互联网公司加起来，估算一下，大概能知道这个行业其实没有这么多职位。实际上从 2022 年开始，大的互联网公司虽然仍然开放了进入的通道，但同时也在裁员了。排在互联网行业后面的是文体行业和教育行业，这两个行业的现有就业人数也不太多，未来前景并不乐观。当然，还有更多的情况，这组调查数据未必能够体现出来。

同时，这两组调查数据也提醒大家，特别是大学生朋友们，在找工作之前，可以多去做做社会调查，了解一下真实的社会。如果暂时拿到的钱还没那么多，我们可以先按照目前的收入过好自己的生活，慢慢提升。毕竟很多成功的人在一开始的职场之路上也会磕磕绊绊。现在我们生活在一个很有希望的大环境里，如果能够脚踏实地地去奋斗，未来也会发展得更顺利。

我上大学的时候，每年都会和同学做社会调查，因此在毕业前对国有企业、政府机关、研究所和当时刚刚兴起的民营企业的工作情况都比较了解。因为能面对现实，我提前了解了大量的社会信息，所以从来没有后悔过自己所作的选择。很多人不能面对现实，倒不是心理上畏难，主要还是没去了解社会。

很多大学生在大学里努力学习，也能尝试创新项目，这是好事，但是有意识地接触社会的人并不多。如果大家也能把自己所在的城市看成自己的校园，不光多去观察路边摊和游乐场所，还多去了解这个城市的产业和商业运行情况，能学会用现有的知识分析现实问题，在大学期间对世界有一个更准确的了解,就能帮助自己走上更好的职业发展道路。

根据亚里士多德的观点,我们的世界是具体的和可触碰的,要想了解这个世界的道理,就要不断地去触碰这个世界。虽然亚里士多德已经离开我们2000多年了,但这个道理依然成立。

脑和手，哪个更重要

洞察力来自哪里？麻省理工学院的校训其实回答了这个问题，"Mens et Manus"。这句拉丁文直译成中文就是"脑和手"。说洞察力来自大脑很好理解，为什么又说它来自手呢？如果脑和手产生了矛盾，哪个该优先呢？下面我来给你讲讲我女儿的故事，或许会对你有所启发。

我女儿从小喜欢拆钢笔，因为她很好奇为什么墨水能够往上走，能从墨水瓶子里被吸进去，也好奇为什么不用费劲，墨水就又能渗出来写到纸上。于是，她把别人送我的各种钢笔都拆了，还会在周围邻居搬家甩卖时花上几美元买来一些旧钢笔拆，每次都把手搞得脏兮兮的。很多时候笔拆完就装不回去了，但是我从来没有阻止过她。或许这是因为我自己的父亲就是一名工程师,他让我养成了通过动手探索世界奥秘的习惯。因此我总是鼓励我女儿,世界是具体的,要想获得知识,就要用手去触碰这个世界。几年下来,她拆掉了很多笔,最后总算是理解了气压的原理,以及毛细现象的原理。不仅如此,她还学会了用一堆不同笔的零件拼出一支新的笔。

不过,我太太对女儿拆笔的行为并不鼓励。我太太家族的上几代人来自西藏,受印度那种重视"虚空"的文化影响较深,认为知识来自头脑的思考。她经常和孩子讲,像"零"这种概念,或者平方、开方这种运算,其实在自然界中并不存在,是人构想出来的。这是人脑具有洞察力最好的例子。从这样的文化背景出发,不难得出"动脑筋才是最重要的"这一结论。此外,像气压原理、毛细现象,将来学校里老师半小时就讲清楚了。拆那么多笔才了解这么一点点知识,实在是得不偿失,没必要重新发明轮子[1]。更关键的是,用一堆旧笔零件拼出来的还是旧笔,不是新笔。要造出新的笔,需要先设计出新的笔。

---

[1] 这是麦肯锡方法中的一句话,意思是要充分利用已有的经验和成果,避免不必要的浪费和投入。

对于这两种观点,我的孩子当然无法判定哪个是对的,又或是否都有道理。总之,她一边去网上找一些现成的答案,一边也会出于好奇心继续去拆一些东西。

后来在高三那年的暑假,她到斯坦福大学医学院实习时,就遇到了书本上找不到答案的问题。当时她的实验室做的事情,是看看能否将原本针对某一种疾病的药,用来治疗其他的疾病,比如将治疗心脏病的药用于治疗胃病。为什么要做这种研究呢?因为今天研制一款新药的周期太长、成本太高。通常,从基础研究的论文发表到新药上市需要 20 年的时间,在整个过程中的投入至少要 20 亿美元。而把旧药或者旧药的组合进行一些小的修改,让它们适用于对更多疾病的治疗,成本只有研制新药的 1/10,周期也可以缩短到三五年。当然,并非每一款药都对其他疾病有效,因此需要从几千款药和几千种病的组合中挑选出可能有效的组合。一个高效的做法就是利用大数据统计,从大量文献中寻找线索。经过一个暑假的研究,他们发现了一些用旧药有效治疗新疾病的方法,并且发表了相关论文。

这件事让我女儿有了两大体会。第一,从经验里学习,或者说从经验里获得知识,看到别人看不到的,依然相当重要,即便是在很多答案都能从书本或者网络上找到的今天。因为要想发现新的东西，了解别人不知道的事情，肯定找不到现成的答案。从这个意义上讲，手比脑更重要。当然，今天我们说的从经验里学习，不是仅仅指个人的经验，而是指成千上万人的经验。过去这件事是完全不可能的，因为人的精力和时间有限。但是今天在人工智能和大数据的帮助下，这件事变得可能了。因此，同样是从经验中学习，在学习方法上也要与时俱进。

第二，虽然把旧的钢笔拆开重组出来的还是旧笔，但是从旧的经验中却可以得到新知。将过去已经研制出来的几种药放在一起用于治疗更多的疾病，其实就如同把旧钢笔拆了再重新组装。但不同的是，孩子拥有的笔数量有限，不过几十支，大部分笔也不兼容，因此她能组装出来的笔也有限。再加上她缺乏修改钢笔零件形状的工具，从旧笔出发，得到的还是旧笔。但是从经验得到新知这件事就不同了。过去人类积攒的经验，几乎是一个开放的集合，这就好比你有无数的笔可供拆卸。更重要的是，人类对旧经验的利用，不是简单的拼装，而是会重新塑形、打磨，这样得到的知识就是新的了。

但是，不管如何利用旧的经验，我们都需要亲自动手。事实上，过去的经验，也是其他人动手得到的。这并非说书本上的知识或者理性思考无效，而是说在当今的时代，大部分人所欠缺的不是书本上的知识，而是动手的能力。很多人甚至没有动手的意愿，只是等着现成的答案。当然，这里所说的动手不限于简单动手做一些实事，更包括了面对现实的勇气、能处理真实而复杂的问题的能力，以及凡事亲力亲为的态度。

第 三 章
分 辨 力

▼

Chapter Three
Distinction

在互联网极度发达的今天，绝大多数知识和资讯唾手可得。但凡事有利必有弊，过多的信息常常让人难以辨别真伪，一不小心就成了虚假信息的受害者。因此，分辨力成了今天人们必须具备的一种基本能力。

如何分辨有哲理的故事和无用的鸡汤文

今天的互联网上有很多为了迎合大众心理而虚构出来的鸡汤文，我们信不得。有人可能会问，哲学家们有时也会编一些故事来讲道理，那我们该如何分辨有哲理的故事和无用的鸡汤文呢？

辨识的办法其实有很多，其中有三个非常简单可行。

第一个办法是运用逻辑。哲学论述的逻辑通常很严密，不太会有逻辑谬误；但无用的鸡汤文常常漏洞百出，它们讲的内容貌似有逻辑，但仔细分辨就会发现很多逻辑谬误。

比如，当我们指出社会不公时，经常会听到有人以过来人的身份语重心长地"教导"我们"公平和正义不能当饭吃"，让我们少管闲事，不要谈公平和正义。其实这些人在论证的过程中就犯了一个逻辑错误。我们说公平和正义重要，并不是说只要有公平和正义就足够了。实际上，"公平和正义"虽然不是"有饭吃"的充分条件，却是它的必要条件。换句话讲，在没有公平和正义的地方，人们可能没饭吃。

第二个办法是把语言作为验证行动合理性的工具，把故事所讲的道理还原到真实情境中来一遍。这个办法源自维特根斯坦的哲学思想。维特根斯坦认为，语言是我们思想和真实世界之间的桥梁。因此，好的故事会构建出思想和世界之间的桥梁，而无用的鸡汤文只能把人带到一个自欺欺人的环境。接下来我们就从两个简单的例子讲起。

有两句流传很广的话，大家可能也听到过。一句是"你若盛开，蝴蝶自来"，另一句是"不要去追一匹马，用追马的时间种草，当你拥有一片草原，自然会有成群的骏马供你挑选"。这两句话乍听之下很相似，那它们说得对不对呢？我们不妨还原一下真实的场景，看看它们发生的可能性。

先看第一句"你若盛开，蝴蝶自来"。在 2020 年新冠肺炎疫情期间，我恰好有不少时间打理家里的花园，于是这一年花园里花草繁盛，不仅蜜蜂多了很多，连平时少见的蝴蝶也来了不少。因此这句话可以在实践中得到验证，它实际上是对"繁花吸引蝴蝶"这种现象的描述。正如维特根斯坦多次引用的那句话——"太初有为"，行动先于语言。有了真实的现象，就有了描述这种现象的语言。

我们再来还原第二句话的场景。其实，你甚至不需要真的去种草，只用真实世界的图像——语言和逻辑，来构想一下真实的情境，也能发现很多漏洞。

首先，种草就能得到一片草原吗？其实种草这件事说容易也容易，说难也难。只要水量足，撒上草种，草就能长出来。但是在降雨稀少的地方，除非大量浇水灌溉，否则种得再上心，草也活不下来，而人工浇水的成本是很高的。比如，在美国的加利福尼亚州，如果你家里想维持一个500平方米的草坪，夏天每个月大约要花费500美元的水费。当然，这么点草地也吸引不来马。如果要维持一片足够大的、有可能吸引来骏马的草地，比如有一个高尔夫球场那么大，达到60公顷以上，这个成本就非常高了。据我所知，即便是维持一个不大的高尔夫球场，一年的水费也要200万美元。正是因为种草的成本很高，所以世界上很多地方是荒漠，而不是草原。

通过种草吸引马的行为，让我想到了一个成语——舍近求远。明明目标很清晰，可有人就是不肯面对目标，非要绕一个大圈子。

接下来，就算你不在乎钱，种了一大片草，就真能吸引来马吗？恐怕未必，这首先需要附近有骏马出没才行。再退一步讲，就算真有骏马跑来吃草了，那它们就属于你，可以任你挑选了吗？很显然也不是。实际上，当你种了一大片草之后，比起骏马，更有可能收获的是成群繁殖能力极强的野兔，让你为了维护这片草地而焦头烂额。

以上这两句话表面上都是讲要发展自身，但性质却不一样。就事论事地讲，说养好花会吸引来蝴蝶没有问题，付出和回报也是相当的；但说种了草就能得到成群的骏马，就只是一厢情愿的想当然了。并不是所有道理都可以无限推广到任何情境中。很多时候，鸡汤文所虚构的世界和现实世界是两个平行世界，它们之间并不存在桥梁。根据这一点，就不难辨别出哪些是毒鸡汤了。

当然，有些励志的鸡汤文未必有毒，但是它们的功效被无限放大了，以至于人们信了它们将来反而会吃大亏。

比如，今天很多人觉得，只要读书读得好，考上了好大学就能拥有一切，他们相信"书中自有黄金屋，书中自有颜如玉"。这种想法就和想通过种草得到一群骏马差不多，夸大了读书的作用。要想拥有更多的东西，需要在相应的方向努力，而不是简单地比成绩。

我有一个北大毕业的朋友，多年前他开玩笑挤对我们几个清华的毕业生，讲了一个段子：

> 有位男生在高中只知道读书，没有女孩子喜欢。班上49人，25名男生，24名女生，开舞会只有他没有舞伴。老师安慰他说，书中自有颜如玉，把书读好，将来不愁没人喜欢。结果他努力学习，考上了清华，但到了清华发现男女生比例7∶3，更找不到女朋友了。

这个段子虽然是玩笑，但也讲出了一个道理：世界上并非所有的事情都能"一白遮百丑"。书读得好，你得到的回报是成绩；感情则是另一回事，没有人会拿着成绩单去相亲。类似地，很多人觉得自己苦读了十几年书，领导还不重视自己，自己怀才不遇。但通常领导重视一个人，是因为他绩效好、贡献大，而不是因为他成绩单上的分数高、毕业的学校排名靠前。

人在一个方面努力取得了成就，不等于他就能在所有领域都获得回报。"书中自有颜如玉"是人脑中的一个想象，真实世界则是另一番情景。只要我们冷静地想一想这两个世界之间的桥梁是否存在，就能明白这句话不过是一个不太灵验的鸡汤文。

世界上很多道理，成立不成立，实践一下就知道了。即使没有时间，不能把所有的事情都做一遍，但如果把自己经历的相关事件拼在一起，看一看能不能走得通，也能作出八九不离十的判断。

比如，网络上流传着一个普通的印度老爹空手套白狼的故事。他一边把自己的儿子包装成世界银行的副总裁去当比尔·盖茨的女婿，另一边又让儿子顶着"盖茨女婿"这一名头去谋取世界银行副总裁的职位，还沾沾自喜地认为这是资源对接。这种故事想想就知道不可能，说得难听点，就是自己意淫。不过，总有人要说，根据"六度分隔理论"，通过六个人就可以和世界上任何一个人建立联系，所以印度老爹是有可能见到盖茨的。

这种思维方式犯了一个认知错误：把一个未必是共识的抽象概念和具体的行动混淆了。但只要回到真实情境中，事情就很好判断。不要说见到盖茨了，如果你是一个普通的中国公司的职员，想约见一下马云，通过六个人能做得到吗？做过销售的人都知道，想找到合作方管事的人说上一句话都要转七八道弯呢，更何况是找马云？关于六度分隔理论的问题，我们会在下一节详细论述。

很多人被"毒鸡汤"洗脑，就是因为那些"毒鸡汤"把他们不知不觉地从现实世界带到了一个不存在的虚幻世界。这时，只要我们回到真实情境中，结合自己的经历，就能对很多事情作出基本的判断。

第三个方法，是看它能否直面现实的挑战。

真正的哲学家，最基本的品质就是要直面问题，而不会回避问题，更不会给别人指出一些冠冕堂皇却根本走不通的道路。比如孔子说的"己所不欲，勿施于人"，这句话就非常言简意赅，非常清楚地反映出孔子对他人的尊重。再比如尼采说的"毒害年轻人最好的方法，就是让他们尊重和自己想法一样的人，而不是去尊重和自己意见相左的人"，这句话的意思也非常直白。

哲学家遇到了想不清楚的问题，可能会很苦恼，但一个诚实的哲学家会承认自己对此没有答案。比如，苏格拉底对于自己不知道的事情，从来不会不懂装懂。读《论语》的时候，你也会发现，对于学生的问题，孔子总是直来直去地回答，不会绕弯子。而鸡汤文恰恰相反，喜欢回避问题、绕弯子。比如，你问如何追到一匹马，它讲你应该去种草。

当然，这里有一个问题：我们怎么判断一个答案是不是绕弯子呢？比如，为了吸引一匹马而种草是绕弯子，那"磨刀不误砍柴工""临渊羡鱼不如退而结网"是不是绕弯子呢？

其实还是那个道理，回到真实的情境，回到行动中去检验。无论是磨刀还是结网，都是制造工具、提高做事的效率，做这些事情对砍柴、打鱼有直接的帮助。而且有了快刀和渔网，接下来仍然要付诸行动：磨了刀，人还是需要去砍柴，柴火不会自己掉下来；织了网，人还是需要去打鱼，鱼不会自己跳进网里。

对于获得骏马这件事，种草最多算是积累资源，你付出行动去种草，直接的收入是草，而不是马。从"拥有大量的草"到"获得骏马"之间，还有很多环节。如果不谈这些环节，只讲有草就会有马来，这就是一厢情愿，完全不可控，不过是碰运气而已。实际上会来到草地的，不仅可能有骏马，还可能有野兔，甚至蝗虫。

生活中这样的例子其实很多。比如，有的地方花重金打造创业平台，结果没有吸引到优质的初创企业，反而引来了一些吃补贴的不良公司；有的互联网公司打造产品不上心，靠买流量冲业绩，结果吸引来的用户刷完单、拿完优惠就走了。如果我们追不到一匹马，那就想办法去追，不要想着绕弯子能够解决问题。有些路看上去是捷径，但其实是离成功最远的路。

战国时的孟尝君和信陵君，同为战国四公子，据说都养了三千门客。但是当孟尝君被罢相的时候，门客们"树倒猢狲散"，只剩下一个有情有义的冯骥（又作冯谖）。而信陵君救赵的时候，门客们都愿意和他一起赶赴战场，其中侯嬴甚至愿意以死来报答他。

孟尝君和信陵君的区别究竟在哪里呢？两人都有"善养士"的名声，但《史记》中并未记载孟尝君如何求贤，只讲他给门客的待遇好。而关于信陵君，《史记》则详细记载了他如何礼贤下士，如何赢得侯嬴尊重的具体经过。换句话说，孟尝君就是用种草的方式来"养士"，而信陵君是身体力行去"求贤"。追逐水草而来的骏马，自然也会追逐更丰美的水草而去。只有化了真功夫追来的骏马，才有可能忠诚地陪伴在自己左右。

分辨有哲理的故事和无用的鸡汤文其实并不难。只要看看它们本身是否符合逻辑，以及我们能否在现实的世界中验证它们就行。如果没有条件直接验证，我们就尽可能找到虚构世界和真实世界之间的桥梁,至少在语言的世界里验证一遍。如果一个说法在虚构的世界里都无法验证,那在现实世界里就更不可能实现了。最后,我们要特别小心那些被似是而非的概念包装起来的说法和故意绕弯子的推理。事实上,真正的道理都是可以用直白的话讲清楚的,不需要故弄玄虚。

总而言之,回到真实的情境里,很多事情就很好判断了。

不是所有的时髦理论都管用

今天有很多时髦的理论,它们不属于"鸡汤",而是有专业人士背书,但是在生活中使用却往往不太灵验,比如六度分隔理论、价值投资、斜杠青年,等等。对于它们,我们也要具有辨别力,谨慎使用。

六度分隔理论对大家来讲并不陌生,它是哈佛大学心理学教授斯坦利·米尔格拉姆于1967年提出来的。他经过一些实验发现,最多通过六个人,你就能够认识世界上任何一个陌生人。这个理论说起来是科学研究,可回到现实生活中,很多人就发现好像不是这么回事儿。比如,大家想认识奥巴马或者马斯克,就摸不到门。这又是怎么回事呢?

其实，六度分隔理论的成立有两个前提。

其一，朋友关系具有对称性和传递性。所谓对称性，就是你把张三看成朋友，张三也必然把你看成朋友；所谓传递性，就是你朋友的朋友，也是你的朋友。显然，现实中的朋友关系大多并不同时具有这两个属性。

其二，你求人办事时，面子无限大，永远用不完。但在现实中，人的面子是有限的、守恒的。

我有时会开玩笑地讲，一个人的面子，或者说情面，一共只有两斤半，你至少要给自己留一斤。两斤半扣掉了这一斤，还能拿来给人帮忙的面子也就只剩下一斤半了。

今天，苹果公司和谷歌公司更是直接把这种面子用金钱来量化。很多人会去找在苹果公司工作的朋友买手机等苹果产品，这样可以拿到较大的折扣。苹果公司对于那些上市已久的产品的态度是能多卖就多卖，因此不限制这种代购行为。但是对于刚上市或者紧俏的产品，则是希望直接到市场上卖个好价钱。不过，苹果公司又考虑到要让员工在朋友面前有面子，于是干脆给予每个员工一定的代购限额。限额用光了，员工在苹果公司的面子也就没有了。谷歌公司的情况也是类似，很多"好处"都是有限额的，你可以给你的朋友，但是用光了也就没有了。

当然，大部分时候单位不会把这种面子金钱化，但是它也是有限的。比如，你有个老同学是某三甲医院的主任，你找他帮忙，他帮你一次，你的面子可能就用掉了半斤；你一次次找他，面子就用光了。类似地，如果你为朋友的事情去找他，也要用面子，面子用光了，你再找他时就不灵了。

我过去有一个朋友是一家医院的投资人，他有一次和我们这些朋友讲："你们自己或者父母要住院，我可以帮忙，但要是你们的朋友就算了。"这其实很好理解，因为他在医院那儿的面子一共只有两斤半，能给我们这几个朋友留出半斤，已经很够义气了。不过，他为你用一次面子，回头你也要补上。

认识到这一点，就不难明白，即使你能找到认识奥巴马的人，这个人是否愿意引荐也是个问题。通常越是有能力的人，找他的人会越多，而你未必能让他把有限的面子给你用。

这里再多讲一句题外话：正是因为面子是有限的、守恒的，一个人用掉一些以后，最好还是找时间补上，否则下次就没有了。在生活中你会发现，有的人用六度分隔理论似乎能成功，有的人就不行。这里面有一个重要的差异，就是前者懂得面子是有限的、守恒的，每次使用后及时补上，而后者只是因守一个在完全理想的状态下才成立的理论，却忽略了它成立的前提。

六度分隔理论在生活中很难行得通还有一个原因，就是人和人之间的很多联系其实都很牵强，只不过是为了证实这个理论生拉硬拽来的联系。维基百科里有一个应用程序，你输入两个在维基百科中能查到的人名，它就会告诉你这两个人之间有什么关联。比如，我输入我的名字和"段祺瑞"，它就找到好几条线将我们联系起来了，其中一条线是经过"吴姓"和"吴佩孚"，另一条线是经过"约翰·霍普金斯大学""威尔逊（美国前总统）""巴黎和会"。但这两条线其实都很牵强，没有任何现实意义。不仅人名之间可以这样建立关联，维基百科上的任何两个词条，不出六步都能关联起来。比如，"黎曼积分"和"秦始皇"这两个风马牛不相及的词条，经过"微积分"和"经济学"就关联起来了，但这样牵强的关联又有什么意义呢？正是因为这个原因，一直有人质疑六度分隔理论的现实意义。

接下来我们说说价值投资。

价值投资的理论无疑是正确的，无论是亚当·斯密这样的经济学家还是巴菲特这样的投资人，都肯定了它的正确性，并且巴菲特等人也已经验证了它。不过，你有没有注意到，除了巴菲特，真正靠价值投资发家的人似乎找不出来很多，且不要说那些想学巴菲特的散户几乎都失败了，即便是投资银行有些讲究价值投资的基金，20年下来也几乎找不出跑赢大盘的。是这些人都本事不济，不懂得价值投资吗？这在逻辑上讲不通，因为即便大部分人没有学到巴菲特投资方法的真谛，但在市场上摸爬滚打的人那么多，还包括很多专业人士，就算只有1%的人学到了，全世界也该出现一大批价值投资大师。那为什么只出了巴菲特、段永平等少数几个人，其他人都做不到呢？其实，我们不得不承认单纯的价值投资是有问题的，这一点马尔基尔在他的名著《漫步华尔街》中进行了专门的分析。

单纯的价值投资，其实忽略了影响市场的一个非常重要的，甚至超过公司价值本身的因素，就是市场的非理性。虽然有时非理性看似在和投资人作对，让投资人的钱打水漂，但其实它也在推动各种资产的价格上涨。如果把非理性带来的市场收益因素扣除，投资的回报就会大打折扣。除此之外，价值投资还有很多问题无法解决，比如如何衡量价值。以教培公司为例，它们在特定时期是有很高价值的，但是一旦国家政策改变，价值就消失殆尽了。

接下来的问题是，为什么巴菲特秉承了价值投资的原则，能获得很高的回报呢？一方面，这是因为巴菲特在判断一些企业的价值方面有过人之处，而且他把自己研究的范围缩得很小，对每个研究对象都花了很多时间；另一方面，也是更重要的方面，价值投资只是他投资成功因素的很小一部分，他在投资时做了很多别人没有做的事情，比如近乎苛刻地严控风险、直接参与被投资企业的管理，等等。缺了这一堆配套措施，巴菲特就不是股神了。反过来，如果一个人把巴菲特所有的本事都掌握了，那即便是把价值投资这个工具换成别的工具，他也照样能在资本市场上长期获利。

最后讲一下斜杠青年这个近年来非常热门的理论，它来源于《纽约时报》专栏作家麦瑞克·阿尔伯的《双重职业》（*One Person ／multiple careers*）一书。这本书讲的是一些人在名片上会用斜杠来区分自己的几重身份，比如"张三，工程师/艺术家/企业家"，于是"斜杠青年"便成了他们的代名词，社会上也出现了斜杠青年的相关理论。其核心是，今天的社会使人能够摆脱工业化给人带来的职业限制，让人在多个领域获得成功。在这样的宣传下，斜杠青年也成了很多人心目中成功人士的形象和自己追求的目标。

有关斜杠青年的理论非常自洽，而且有很多人"背书"。不过，如果大家冷静地想一想周围有多少这样的斜杠青年，就会发现这个理论好像有问题。那么问题究竟出在哪里呢？

首先,这个理论是建立在"幸存者偏差"基础之上的。当一个人在多个领域成功之后,他才有可能被我们注意到,所以会造成一种"假象"——走"斜杠"道路的人都成功了。比如,我们知道达·芬奇和亚里士多德有多重身份,但是在他们两人的年代,多领域发展的人不止他们两个,只是其他失败的人我们不知道而已。

其次,多重身份通常是一个结果,而不是一开始就追求的目标。很多最终有多重身份的人,一开始都是在某一个领域做得非常成功,然后因机缘巧合被赋予了一些使命,又在其他领域,通常还是相关领域也获得了成功。比如,牛顿今天有很多身份:数学家、自然科学家、思想家、反伪币专家,等等。其实,牛顿一开始只是数学家和自然科学家,思想家是后来人们送给他的头衔,因为他改变了人们对自然界的看法。至于反伪币专家,则是因为他成名之后,王室任命他为铸币大臣。在任期间,他做了很多防范和打击假币的事情,包括在硬币上铸造一圈细齿,等等。如果牛顿一开始当教授时就把精力放在从政上,他可能不仅当不上铸币大臣,连教授的职位也保不住。

最后,很多成功的斜杠人士,当初转行其实是不得已而为之。比如,已故的美国前总统里根常常被人提及是演员出身,这让人觉得当好总统似乎是一件很容易的事情，连演员也干得了。其实里根原本是经济学专业毕业的，用他自己的话说，如果不是因为毕业时赶上了20世纪30年代的大萧条，他就会从事这方面的工作，然后大概率沿着这条路走下去。然而，大萧条中断了他原先的职业发展规划，于是英俊潇洒的青年里根就成了演员。但他其实不适合做演员，在演艺界的绝大部分时间，他都是在从事事务性工作，并且担任了美国影视演员协会主席。而且在大学里，里根就是学生领袖。也就是说，他从政的源头甚至可以追溯到大学期间。此后，里根也是从州长开始一步步走上来，经过两次竞选总统失败，才获得成功的。

很多时候我们被一些报道和文章误导，错置了成功的原因、现象和结果，于是当一种看似能够自洽的新理论出现时，就会有茅塞顿开的感觉。其实，"斜杠青年"的成功概率并不比"非斜杠青年"高，甚至要更低。不过有一点我认同：在这个时代，不太可能依靠单一的技能就取得巨大的成就，全面发展还是有必要的。

为什么斜杠青年的理论今天这么流行呢？我想主要有两个原因。一个原因是我们今天一个职业做的时间太长就厌倦了，想换一份工作、换一种身份。另一个原因是今天做好一件事太难了，要求太高了，以至于很多人看不到在原本领域成功的希望，觉得换一种身份就容易成功了。其实，贸然进入自己不熟悉的行业，想成功会更加困难。

今天世界上有很多时髦的理论，它们看上去都很合理，而且似乎也得到了验证。但是，理论上的可能性是一回事，现实中的可行性是另一回事。大多数人经常犯的一个错误是，但凡对自己有利的事情，就会把理论上的可能性，哪怕是1%，当成现实中100%的可能性；而对自己不利的事情，即使理论上有99%发生的可能性，也会忽略，而期待那1%的奇迹发生在自己身上。正是因为这个原因，很多人会相信经过几个人，自己就能找到命中的贵人，或者相信自己能算得清各个公司的价值，在股市上挣到钱，又或者相信自己换一个行业就能成功。但遗憾的是，那些理论到了现实中似乎就不管用了。因此，能够分辨出那些在现实中不管用的时髦理论很重要，方法主要有两个。

第一，当理论和现实不一致时，我们必须清楚该相信哪个。通常对的是现实，错的是理论。很多人预测股市，错得离谱，然后就说股市没有反映经济的实际情况。言外之意，理论没错，错的是市场。这种逻辑固然很可笑，却是很多人会不自觉犯的错误。

第二，不盲从，在相信任何时髦的、特别是对自己有利的理论之前，都要进行理性的思考。本节讲的三个时髦的理论，其实只要在头脑里过一遍，就会发现它们的漏洞。虽然去尝试、去亲身验证一下固然好，但这样有时投入的成本太高。比如，去验证投资的理论要花钱，要验证当斜杠青年的理论会耽误自己的职业发展。因此，更高效的方法是理性思考，先过滤掉不太可能的情况；对于实在无法通过思考想清楚的问题，再去亲力亲为地验证。

为什么要对"巧合"保持警惕

有一次我在网上看到一个段子,说明太祖朱元璋是一位化学巨匠,原因是明朝皇室中很多人的名字都包含一些今天的人才知道的化学元素。

比如,明朝有个王爷叫朱慎镭,镭就是居里夫人发现的那种放射性元素;还有一个王爷叫朱均钚,"钚"是制造核武器的重要原料,也是20世纪才发现的化学元素;还有个王爷叫朱悦烯,"烯"就是近两年热度很高的新材料"石墨烯"的烯。你如果去翻一翻明代藩王世系表,还能找到很多这样的名字。

可是,这些元素大部分都是在20世纪被发现后才有了名称,明朝的皇室是怎么未卜先知,找到这些字来做名字的呢?

这其实和朱元璋留下的一条规矩有关。

据说朱元璋的本名叫朱重八,他父亲叫朱五四,爷爷叫朱初一,这些名字都是根据出生日期取的。在元朝,只有最底层的百姓才这么取名。登基做了皇帝之后,朱元璋自然不能允许自己的后代中再出现这样的名字,于是给每个儿子甚至侄子都写了一首诗,规定孙辈往后名字中的第二个字要从这首诗里面取。第三个字不好固定,于是朱元璋立了规矩,第三个字的偏旁要按金木水火土的五行相生关系来定。比如,朱元璋的儿子这一辈,名字都是木字旁,比如太子朱标和燕王朱棣。那么到孙子辈,因为五行木生火,第三个字就应该是火字旁。比如太子的儿子,建文帝朱允炆,"炆"字就是火字旁;朱棣的儿子,明仁宗朱高炽,"炽"字也是火字旁。

不过,朱元璋没有考虑到一个问题,就是他子孙后辈的人数增长速度非常快。到了嘉靖年间,朱氏子孙已经有接近 2 万人了。这么多人,如果都按朱元璋定的规矩取名字,字是不够用的。特别是中国人还有一个传统,叫作避讳,即祖辈名字中用过的字,后辈是不能再用的。于是到了明朝中期,包含金、木、水、火、土的汉字基本都被朱家用光了。再往后,朱家的王爷们只好自己造出了一堆极其生僻的汉字,除了给自己做名字用，再也没有别的用处了。

那么，这些字又是怎么变成新发现的化学元素名称的呢？我专门去做了些研究，发现这一切都归因于清朝末年中国的化学家和翻译家徐寿。当时，他和在江南制造局工作的一个英国人傅兰雅一起翻译了很多西方科技图书。当翻译到化学著作时，徐寿遇到了一个难题，就是很多化学元素和物质，中国过去大多是没有的，需要起名字。为了规范化，徐寿就定了三条规则：

第一，中国古代已经有的名称继续使用，比如金、银、铜、铁等；再比如水银，古文中叫作汞，也属于这一类。

第二，前人翻译西方著作时发明的外来词，合适的可以继续使用，不合适的则根据后面第三条规则作出一些修订。比如之前，氧气、氮气和氢气这三种物质，前人在翻译时根据它们的特性起了名字：氧气原本是"养气"，取滋养之意；氮气原本是淡气，因为氮气在大气中含量高，"冲淡"了氧气的含量；氢气原本是"轻气"。徐寿沿用了这三个名字，同时根据它们是气体的特性，把字改成了气字头的三个字——"氧""氮""氢"。

第三，根据元素的性质和拉丁文读音寻找合适的汉字。例如，金属元素就使用金字旁的字，常态为液体的元素可以使用三点水旁的字，非金属元素和物质则使用石字旁的字。

于是，在这三条规则下，很多化学元素和物质的名称就和明朝朱氏子孙的名字重叠了。所以，并不是朱元璋懂得化学，而是他定下起名的规则在先，徐寿等人使用这些字在后。表面上是一个巧合，背后其实另有原因。

　　如果我们深入一步思考，就会发现这甚至称不上一个巧合，可以说有一定的必然性。原因很简单，化学元素目前有100多个，加上一些专有名词，大概需要用到一百五六十个汉字，其中一大半都和金属有关。这里面只有金、银、铜、铁等一小部分化学元素在清朝之前已经有了对应的汉字，其他都要新找一个字来命名。而汉字中，金字旁的字总共也就200多个，其中很多都是明朝皇室在起名时造出来的生僻字。因此，化学元素名称和朱家人的名字高度重合，可以说是一种必然。

　　可见，我们看到的各种"巧合"背后，其实有着必然性，或者说是某种规则造成了巧合。

　　通常我们在认知中，怎么判断一件事是巧合还是必然呢？最好用的工具就是概率论。

　　比如抛硬币。假如你把一枚硬币抛了10次，全是正面朝上。这是巧合吗？我们怎么来判断这样一件事呢？这时，重要的其实不是你给出的回答，而是你所使用的判断方法。

有的人回答说，这枚硬币肯定有问题。如果他的依据只是直觉或者日常经验，那这个回答就是没有意义的。也有的人会回答说，这很正常啊，每次硬币朝上或朝下的概率都是1/2，10次正面和5次正面5次反面都是很正常的。这好像比用直觉判断更进了一步，但仍然是错误的思考方式。

为什么这么说？因为这个回答其实混淆了一个概念，就是究竟什么叫"一种结果"。实际上，在这个问题中，我们所说"一种结果"，在最准确的意义上指的是概率中的"原子事件"，也就是不可以再分的最小的随机事件。

比如，抛10次硬币全都是正面朝上，这是一种结果，也确实是一个"原子事件"。但5次正面5次反面，却并不是一个原子事件，因为其中还包含了"1~5次是正面，6~10次是反面""单数次是正面，双数次是反面"等许多种情况。具体来说，这里面其实包含了252[1]个原子事件。所以，10次正面和5次正面5次反面并不一样，前者的概率是1/1024，后者的概率则是252/1024。相比之下，10次正面朝上确实是一个小概率事件，如果它发生了，就不能将其看作一种完全"正常"的情况。

---

1 10选5有252种可能性。

在这个时候，我们就要想一想，恐怕背后有一种力量促使它在发生，而不能简单地将它归结为偶然性。

我们可以进一步通过数学方法去尝试判断，这个硬币有问题的可能性是多大。简单来说，就是作两个假设。第一个假设是硬币本身没有问题，它就是一枚正常的硬币；第二个假设是硬币是有问题的，怎么扔它都是正面朝上。接下来就是根据观察的结果来验证哪个假设是对的，这在统计中有一套专门的方法。

更细节的过程在这里就不展开了，我可以给出一个结论：一枚硬币抛10次，如果连续10次都是正面朝上，这枚硬币有问题的概率是99.7%，没有问题的概率只有0.3%。

也就是说，对于硬币抛10次全部都是正面朝上这个问题，经过理性思考后的回答应该是，并非巧合的概率有99.7%。所以这不是一个巧合，而是硬币本身有问题。

这里特别需要提醒的是，这是我们在不知道硬币有没有问题的前提之下，作出的假设和验证，也就是说，我们并不知道事实如何。如果在此之前，我们就确认了这枚硬币是正常的，那么我们就要承认，即使只有0.3%的可能性，这个巧合也确实发生了。

也就是说，在作判断时，事实要优先于我们的猜测。但在得不到事实之前，我们要依靠理性和常识去思考和判断。

理性的判断在抛硬币的例子里已经讲得很清楚了，常识的判断又是什么样的呢？有这样一个故事，有人为了吸引他人投资，同时给几千人发邮件预测股票的走势。第一次预测之后，他再继续给收到正确预测邮件的人发第二次预测。这样下来，几千个人里面，总会有少数几个人收到的邮件连续10次预测都是对的。这少数的几个人恐怕会把发邮件的人看成股神。

但实际上，如果真的遇到这样的小概率事件，我们首先应该想到的是，它背后一定是有什么原因。

我们不妨做两个假设，一个是此人真的是股神，另一个是对方是骗子。这时候常识就可以派上用场了，你应该想到两点：第一，对方会给你发，也就会给别人发，实际上你不知道他失败了多少次。第二，如果他真的是股神、有赚大钱的本事，为什么他不自己去投资发财，要花时间来说服你呢？有了常识，我们就能够识破骗子的把戏。

今天，人们接触到的信息更丰富，骗子的手法也越来越花样百出。很多人讲，现在的骗子防不胜防。其实我们只要记住一点：面对那些好得难以置信的事情，先想一想"好运气"背后是否另有原因。

收藏家马未都先生讲过这样一个故事：一个古董爱好者，有一天让人带着他到乡下去淘古董。走过一片田地时，他看见几个人在挖地，其中一个人一锹土掀到他脚下，随着土滚出一件汝窑瓷器。要知道，汝窑瓷器是今天世界上最值钱的瓷器之一，一共只有60多件传世，每一件的来历都清清楚楚，绝大多数都在大博物馆里。

这位古董爱好者觉得自己运气实在是太好了，只是从那里路过，一件价值连城的宝贝就滚到了自己的脚下。他想买下这件汝窑瓷器，于是和几个农民讨价还价，最后用自己全部的积蓄买了下来。

回去后他找马未都先生鉴定，马先生怕他太伤心，不敢说是假货，只和他说这东西"不真"。这位老兄怎么也不肯相信上了当，自己明明是亲眼看见那农民"碰巧"从地里挖出来的。马先生讲，汝窑瓷器在全世界只有60多件，绝大多数都是从古代收藏家手里一代代传下来的，只有个别几件是考古出土的，出土的地方也往往是旧宫殿遗址这一类的地方，不会是田间地头。很多大收藏家花了一辈子时间也不可得的东西，怎么正好有一件，就在你经过那个地方的时候被挖出来了呢？显然，这样的巧合背后，极大概率另有原因。

相比之下，这个古董爱好者被人特意做了个局蒙骗的概率，要远远大于他在田间地头碰巧得到一件稀世珍品的概率。

生活经验告诉我们，面对所谓的"超级好运气"，最好的做法就是当它没有发生，对它视而不见。不去幻想额外的所得，也就不会有所失，我们只需要获得自己应得的就好。反过来，对于一些超级坏运气，也不能简单归结为运气坏，有很大概率是背后另有原因。我们需要找到这个原因，这样才能在之后避免"坏运气"。

为什么要对"意见一致"保持警惕

偏见带来错判,因此通常没有人会喜欢偏见。但是,即便是在信息流通比较顺畅的今天,要避免偏见也是不容易的。我们不妨从2016年和2020年美国总统选举期间的民调说起。

2016年美国总统选举期间的民调错得离谱。在大选开始之前,所有民调都预测不仅民主党候选人希拉里会大胜,而且民主党还能控制国会。结果却是,民主党在总统和参众两院的选举中都遭遇惨败。于是有人说靠抽样调查产生的民调是有失偏颇的,因为搞民调的大多是媒体,它们自身的政治观点就倾向于民主党。人们在那次大选中发明了一个新名词——"义乌指数",即把候选人支持者在义乌订购的竞选商品销量作为美国总统选举结果的预测指标。那一年特朗普的旗帜订单量是远远超过希拉里的，大约是希拉里的 10 倍。如果单看一次结果，义乌指数似乎能给带有主观色彩的民调纠偏。但我们也知道，验证一次不能完全说明问题。

我们再来看看 2020 年的情况。那一次，无论是媒体还是民调机构，都一边倒地认定拜登能赢，而且会大幅领先 10 个百分点以上，包括在所有的摇摆州[1]全面领先。按照民调结果估计，在 538 张选票中，特朗普最终应该只能获得 120 张左右，拜登将会取得大胜。但实际情况是，那次美国大选的过程空前激烈，双方一度陷入非常胶着的局面，以至于至今还有人认定是拜登偷走了特朗普的胜利。当然，这样的说法没有太多根据。不过，对于这样的报道和民调结果，很多人都开始质疑，媒体是否还有能力给公众提供可靠的信息。

那么，我们再来看看义乌指数。和 2016 年一样，还是特朗普的支持者订购的竞选商品远远超过竞争对手拜登的，但显然，这一次义乌指数失灵了。因此也可以说，义乌指数可能是另一

---

[1] 指民主、共和两党候选人支持率差距不大的州。

种偏见。

当然，大家可能会想，无论是民调还是义乌指数，都是间接的证据，不是直接的。我们不仅要看一个人是怎么说的，还要看他是怎么做的，毕竟有些人在民调时经常口是心非。那么，我们就来看看特朗普支持者和拜登支持者的行动。

美国的总统候选人在每次竞选前都会搞现场集会拉票。特朗普的集会每次都有成千上万的支持者参加，现场可谓人山人海，而且支持者的热情非常高，简直堪比超级碗[1]比赛的热烈场面。而拜登的集会则可以说是门可罗雀。

但是，大选的结果和竞选前的造势也不一致。此外，还有人通过对社交媒体进行大数据分析，结果也是错的。比如，我在硅谷的几个朋友通过社交媒体上的大数据进行了统计，数据来源包括推特、YouTube，以及其他一些社交媒体，得到的结论也是特朗普将大获全胜。可见即便是在今天，有了各种技术手段，要想作出准确的判断依然非常困难，而困难的主要原因则与偏见有关。

---

[1] 超级碗是美国国家橄榄球联盟的年度冠军赛，在美国具有极高的人气。

产生偏差的原因可以分为主观和客观两大类。

先说说主观的原因。以民调为例，这主要是因为媒体自身的倾向性。

虽然世界上几乎所有媒体都说自己是公正的，但是在美国，绝大多数媒体人都倾向于民主党一方是不争的事实。美国许多媒体自诩为监督者，反对政府进行新闻管制，但与此同时，他们自己也在进行着某种"新闻管制"，排斥不同的声音。

比如，2019年爆出一则新闻：拜登的儿子曾经接受乌克兰布瑞斯玛天然气公司的报酬，在这个公司的高管和拜登之间牵线。当时美国主流媒体普遍表示，这个消息还没有得到证实，不应展开报道。然而，2016年特朗普被指控"通俄"，也接受了调查，但在调查结果确认之前，美国媒体却展开了铺天盖地的报道。

媒体和媒体工作者自身就具有倾向性，他们的工作环境自然也会受此影响。生活在一个彼此看法高度类似的环境中，就不容易发现自己的偏见。即使媒体希望得到准确的信息，但由于自身的倾向性，他们设计的调查中就不免出现偏见的影响。最典型的就是调查问卷中的预设观点。

我曾经在2020年接到过一个民调电话，里面有这样两个问题。

第一个问题是:"你认为特朗普政府在疫情中的表现是否合格?"可以设想,大部分的回答都会是不合格。但这个题目的设计本身就有问题,因为在美国,具体的抗疫工作是由州政府展开的,主要责任在于州政府。但这个问题的问法,是先把责任人定好了,然后问你他表现如何。类似地,到了2021年拜登当上总统,民调又问了同样的问题,只是这一次把特朗普换成了拜登。民调的结果显示,不满意程度比对特朗普还高。事实上,无论谁当总统,这个问题的民调结果都不会是正面的,因为10个人里面有1个不满意,他就会说出来,而另外9个可能会不吭声。在美国,很多民意调查中都存在这样一个规律——民众对于当前执政的党派总是倾向于不满意。比如,即使是作为民主党大本营的加利福尼亚州和纽约州,在2020年都提出了对民主党州长的弹劾。

第二个问题是:"如果拜登当选,你认为他是否能够改善防疫情况?"这个问题看似很公正,但实际上,它接在第一个问题之后,当回答者对前一个问题作出了否定的回答,对这个问题他就会更倾向于作出肯定的回答,因为人会下意识地维护自己之前给出的答案。有意思的是,2021年时,民调又问了类似的问题:"如果今天选总统,你会选特朗普还是拜登?"结果这一次表示要选特朗普的人大大超过了要选拜登的人。原因也很简单,既然对台上的那位不满意,人们就会觉得下面的那位似乎好一些。但是,参加民调的人们忘了,一年前正是他们认定特朗普没有干好工作,经过"反复对比"选了拜登。

所以,各种民调先天就有所缺陷,问题的设计本身就有引导性,而引导性又来自设计者自身的倾向性,即便他没有意识到这一点。

再来说说产生偏差的客观原因,最突出的就是幸存者偏差问题。

关于幸存者偏差,最典型的就是"二战"中美军调查改善飞机防护的例子。当时,美军对受损返航的飞机进行了数据统计,发现机翼遭受的攻击是最多的,因此认为最需要加强的是机翼的防护。

但是,有专家指出了这种思维的漏洞:统计是针对受损返航的飞机展开的,但那些受到致命攻击的飞机都坠毁了,无法返航。所以,机身关键部位并不是不容易遭受攻击,而是一旦遭受攻击飞机就回不来了。因此,需要加强防护的反而是那些受损返航飞机没有遭受攻击的部位,而不是机翼。事实证明,这个判断是对的。

民调也是如此。民调公司通常是通过打电话进行调查的，到 2016 年的时候，美国愿意接听民调电话的人只有不到 20%，愿意配合完成调查的不到 10%。绝大部分的人，要么一听是民调就把电话挂掉，要么调查进行到中途就放弃了。

这种情况下，如果是一个意见分歧不大、观点差异分布比较均匀的社会，民调结果基本上还靠谱。但是，2020 年大选时的情况并非如此，说得严重一点，这次大选就是特朗普的支持者和反对者的对决，而不是特朗普的支持者和拜登的支持者的对决。

我们可以设想一下，什么人不愿意接听民调电话呢？

一些是自己时间紧张的人，比如劳工阶层、小业主、职业技术人员等。这些人每天辛苦挣钱养家，不愿意让自己的工作被电话打断。

另一些是特朗普的支持者。他们本身就对传统媒体的倾向性深恶痛绝，因此大概率是不愿意配合媒体调查的，或是在听到有倾向性的问题之后就放弃了。

那么反过来，愿意配合民调的又是什么样的人呢？

首先是自己可支配时间比较多的人，包括学生、教师、自由职业者、文化行业的工作者，以及靠福利为生的无业者，等等。其次是本身就倾向于信任媒体的报道，希望借助民调来展示自己观点的人。

这样一来一回，也就不难想象为什么民调会出现偏差了。也正是因为民调的偏差，或者说偏见，今天民调的老祖宗盖洛普公司已经放弃对美国大选做民调了。

民调的偏见容易理解，那么大数据的代表"义乌指数"为什么也不准呢？也就是说，为什么用行动说话这件事似乎也不靠谱呢？这也与偏见发生的机理有关。当一群人的意见高度一致时，看似是思想得到了统一，但更有可能的是，这群人陷入了自己的小世界，产生了一致的偏见。

不得不说，特朗普是一个很会造势的人，他能让支持他观点的人成为他的铁粉，风雨无阻地参加竞选的集会。当特朗普的支持者在社交媒体上看到特朗普到其他州拉票时人山人海的景象，也会前去参加特朗普在自己所在州的集会，因为他们认定这是他们该有的一致行动。当然，这样的集会举办得多了，义乌的小商品订购量也就上去了。

相反，拜登的支持者，在 2020 年的选举中则成了沉默的大多数[1]。可以想象，对于一个冷冷清清的场合，没有人会愿意去，甚至有人会不好意思去，怕被别人笑话。

2016 年和 2020 年的大选都有一个特殊之处，就是大部分选民选特朗普或者拜登不是因为觉得他们好，而是因为觉得他们的竞争对手更差劲。这个现象在 2020 年尤为突出，前面已经提到，那场选举更像是一场在特朗普的支持者和反对者之间进行的全民公投。甚至有媒体说，民主党就算是放一个玩偶上去，结果也会是一样的。这样一来，义乌指数也就失去了参考价值。

社交媒体的大数据统计也有类似的偏差，喜欢一个人往往会主动发声支持，但不喜欢一个人，更多人的做法是看都不要看见他，也不会提到他。因此，如果根据社交网络的数据进行预测，我们能看见的往往是支持者，反对者在这里是隐形的。

美国大选只是二选一，但预测起来已经很复杂了。我们平时遇到的很多问题比这个还要复杂得多，有着各种各样的可能性，甚至会出现我们无法预测的结果，因此要作出判断就更加困难了。

---

[1] 2016 年大选结果出来之后，很多人讲特朗普之所以获胜，是因为有大量平时不发表意见的人投了他的票，那些人被称为"沉默的大多数"。

我们在作判断时，最要防范的就是偏见的陷阱。偏见不仅源于我们知识或者经验的不足、主观的倾向性，更重要的是，它常常产生于我们与周围人的一致性当中。特朗普支持者的一致性，让他们觉得所有人的行动都和他们一样，但实际上他们只代表了比一半稍少一点的人。媒体民调的一致性，让它们认定绝大部分人的想法也是这样的，这也是自陷茧房的偏见。

当周围都是和我们观点一致的人时，这其实是非常可怕的，因为这常常会让我们失去思考能力，理所当然地认为自己的想法就经得起检验，毕竟"大家都和我一样"。就像一群媒体在一起，看到的是一个他们讨厌的特朗普；而一群特朗普的支持者在一起，看到的是一个备受欢迎的总统。

我们平时会说，"兼听则明，偏信则暗"。但"兼听则明"并不是简单地收集了来自多少人的观点。如果我们只是在与自己观点一致的群体内反复求证，自以为已经做到兼听了，其实只不过是偏信的次数变多了。

所以，要真正避免偏见，最重要的是保持独立思考、理性思考和反思自己观点的能力。

"不能以貌取人"和"相由心生"矛盾吗

我们经常说不能以貌取人,但很多人也会说相由心生,这两句话似乎是矛盾的。那么,通过外表来判断一个人,究竟可不可行呢?

相信每个人都或多或少地遇到过这种情况。我们可能是别人以貌取人的受害者,也可能在不自觉中犯同样的错误。我刚到美国时,在学校里申请助教的工作。辅导我们做助教的老师给我们作培训时,拿出了几张照片,让我们找出其中的一名差等生。照片中的人有的显得英俊,有的显得精明,还有一位又胖又丑并且显得很懒散,于是大家就一致认为他是差等生。结果这个选择是错误的。老师告诉我们,这就是误区所在,我们不能以貌取人，身为老师，千万不要根据外貌给学生贴上标签。

在接下来的几十年里，我一直提醒自己不要以貌取人，尤其是当我不知道别人的故事时。就拿体重超重这件事来说，它的原因非常多，包括遗传因素、服用激素类药物等，很多原因其实并不在自身的控制范围之内。因此不能因为一个人体重超重，就认为他懒惰或者不自律。类似地，一个人长得不漂亮，主要也是因为遗传因素，不等于这个人不好、不招人喜欢。

随着社会的不断进步，不以貌取人成了一种普遍的要求。比如，在高档的商店里，你如果是店员，不能因为觉得某个人穿着朴素就怠慢他，觉得他买不起。事实上，在一些经济发展快的地方，比如硅谷地区，如果按照一个人的穿着来估计他的财力，常常会出错。

不过，以貌取人真的一点道理都没有吗？还真不是。各种研究都表明，人的外表其实可以体现其精神上的倾向和特质。

中国有句谚语，叫作"相由心生"；美国也有句谚语，叫作"trust your gut"。gut是内脏的意思，这句英文直译过来就是"相信你的身体"，引申一下就是相信你的直觉。这句话是说，在判断一个人的时候，不要作太多理性的推理，可以根据你的感觉来，你觉得他好，他可能就是好；你觉得他哪儿有些别扭，虽然说不出原因，但这个感觉可能并没有错。

当然，根据直觉作评判肯定会有出错的时候，但实际上，你用别的标准作为判断依据也可能会出错。很多心理学的研究表明，在对人的判断上，一个人花费几天甚至几个月时间得出的结论，不一定比最开始凭直觉得出的结论更准确。

关于这个问题，我专门请教过一些心理学家和领导力培训的教练，他们给出的一个解释我认为是有道理的。这个解释是，在你和某个人第一次接触时，如果他没有给你留下什么印象，或者你没有注意到他，你当然无法对他作出很准确的判断。但是，如果一个人初次见面就让你对他作出了某些判断，一定是因为他的某些举动或者特征引起了你的注意。这时，你的大脑其实在飞速运转，收集了很多细节的信息，在潜意识中调动了很多判断力，最后由你的价值观得出了一个结论。这时对方的一些微表情或者身体的某一个特征，都会被大脑拿来与我们头脑数据库中的内容进行匹配和对比。只不过这些活动大多是在潜意识层面进行的，我们的表层意识没有意识到这个过程，最后我们得到的就是一个"直觉的印象"。

实际上，通常我们直觉上对一个人留有好印象的时候，那个判断或多或少是符合自己的利益和价值取向的。

直觉并不是什么神奇玄妙的本领，它实际上来自我们拥有的知识和过去的经验。虽然我们常常觉得无法解释自己的直觉，但它背后通常存在一个合乎逻辑的解释。我们不妨看一个例子。

人，特别是男人，通常都会对长相甜美、打扮得体的女性有好印象，除非她们的行为和言语破坏了这种好印象。相反，对于不修边幅、邋里邋遢的女性，大部分人不会有好印象。这是否是偏见、以貌取人呢？

有一句话大家可能不陌生："没有丑人，只有懒人。"一位女性，特别是职业女性，出门前把自己收拾漂亮，不仅是为了获得他人的好感，也是出于对对方的尊重。

我的校友中有一位非常朴实的女生。当年她找工作时，简历投出去通常很快就能获得面试机会，但是面试了很多次却都没有成功。有一次，她在实验室和我们讲她的苦恼，我看着她每天穿的运动服和球鞋，无意中问了一句："你不会是穿着这身衣服去面试的吧？"她一脸无辜地看着我说："是啊，有什么问题吗？"旁边一位罗马尼亚的女生听了后大叫起来，说："天哪，你怎么能这么做？！"于是我们纷纷建议她去买适合面试的衣服，然后去学校的职业办公室找老师进行面试的培训。

几周后，当她穿上新的职业装，打扮起来，再次出现在我们面前时,就如同变了一个人。很快,她就找到了一份工作。在这一个多月里,她的能力并没有得到明显的提升,甚至面试技巧也未必有脱胎换骨的改变,但我们在和她的相处中都觉得她像是变了一个人。

虽然我们说人不可貌相,但是通常一个人改变自己外表的时候,也就改变了自己的内心。当这位校友意识到得体的打扮意味着对对方的尊重,并且这么去做了之后,这当然会给她的面试带来改变。

不过,最能体现一个人内心的其实还不是他的穿着打扮或者相貌,"相由心生"其实有着更复杂的机制。多伦多大学心理学教授尼古拉斯·鲁尔对面部感知进行了一系列研究。

比如,请被试通过照片对人作出判断。这些照片来自北美一些大学每年出的学生年鉴,上面会有那一届所有同学的照片。鲁尔教授请被试观看一本 10 年前学生年鉴中的学生照片,请他们选出一些看上去会事业有成的人。结果被试仅凭照片选出的人,和实际情况非常接近。

又比如,鲁尔教授准备了一批女性企业高管的照片,让被试根据对照片的印象给这些高管打分,结果发现每个人得分的高低和她们所管理的企业业绩有正相关关系。鲁尔教授把这种现象称为"写在脸上的领导力"。

对于以上实验结果，有很多解释，其中最有说服力的解释是，一个人的内心特质会导致他发展出某些外表特征。结果就是有时我们可以从一个人的脸上看出他的性格。今天很多生理学家相信，人如果总是重复某些面部表情，他们面部的肌肉会受到相应的影响，从而改变脸部的外观，比如脸上的纹路、眼中的神采，等等。也就是说，人的个性甚至会改变自己的外表。

实际上，我们说的"相由心生"，多半还不是单纯因为外表或者相貌。因为我们对一个人喜欢或者反感，主要还不是来自对方的相貌或者讲话的内容，而是对方讲话时的微表情。

所谓微表情，就是那些持续时间通常不到一秒钟的细微表情。比如，你跟一个人借钱，他脸上流露出短暂的不情愿，然后马上恢复正常表情，说出一个很合理的、不伤面子的理由拒绝了你。实际上，你如果观察到了他的微表情，他后面说话的内容已经不重要了，因为你已经知道他内心的想法了。

人们在面对面说话时，彼此也在潜意识里理解对方脸上的微表情。这些微表情会反映出每个人潜意识里的想法，或者说内心的想法，影响着听者的感受。如果某个人言不由衷，说出的话和他的表情并不相符，我们其实能够感觉到这种"偏离"，这时我们就会觉得不舒服。虽然我们通常把这种感觉叫作"直觉"，但那其实是我们的大脑集中精力全面评估之后，快速寻找到的答案。

因此，如果你觉得自己有时会有以貌取人的做法，先不必着急否定。这种直觉的存在是有原因的，它实际上是人类发展出的一种能力，帮助我们快速对他人作出评估，判断对方是否值得信任。在更原始的环境中，这种能力可以增加我们的生存机会。

直觉并不是碰运气，它其实是我们过去学到的知识和积累下来的经验。当然，这不是说根据直觉得到的印象总是可靠的，如果事实表明你对外表的看重超过了正常限度，看见谁长得漂亮就把其他的都忘了，那可能就是好色或者花痴了，需要反省和改变。

另外，我们也要注意，个人的偏见和过去的经历也有可能会误导我们的直觉和判断力。比如，因为过去被圆脸的人伤害过，之后看见圆脸的人就觉得不可信，这就是偏见了，因为圆脸和不可信并没有逻辑关系。这时候，出错的不是直觉这个机制，而是我们的偏见。因此，我们需要不断校准自己作判断的标准，对于错误的判断要及时纠正过来，这样将来才能作出更好的判断。

我们只要不断校准自己的判断标准，就可以更好地在情感与理性思维之间取得平衡。

第四章
职场力

▼

Chapter Four
Professionalism

在工作中面对复杂的问题，有的人能够有条不紊地处理，有的人则会一筹莫展。同样是完成一项工作，有的人会受到领导的肯定，有的人则被不公平对待，甚至成果被别人拿走。在遇到上升瓶颈时，有的人能够积极进取，为自己找到更好的发展方向；有的人则浑浑噩噩，最终遭遇淘汰。以上情况主要是因为每个人职场力的差异。

职场力不是指人在职场上的业务能力，业务能力可以慢慢学，对今天的人来说都不是难事。职场力是在现代工业社会里，专业化的从业者从事各项工作时所应具备的一套价值判断原则、工作方式、合作态度和自我管理手段，以确保他们的能力能够在工作中发挥效用，自身和周围的同事能够获得更大的经济收益。

借助"深度工作"找到适合自己的职业

今天很多人在职场上面临着这样一个问题：工作几年后，对自己的职业发展感到非常迷茫，于是不断换工作，甚至换行业，但依然觉得在职场中找不到自己的位置。这些人有一个共同的问题，就是缺乏深度工作的能力。

深度工作能力，是乔治城大学计算机科学副教授卡尔·纽波特在《深度工作》（*Deep Work Rules*）一书中提出的一种工作状态。纽波特虽然是计算机科学家，但是对社会问题非常有兴趣，这可能是受他父亲——一名社会学家，同时也是盖洛普公司的高管——的影响。在《深度工作》一书中，纽波特系统地介绍了自己在如何提升工作能力方面的发现，这本书已成为美国很多大型跨国公司的员工培训教材。

在讲如何找到适合自己的工作以及如何提升工作能力之前，我们需要搞清楚为什么年轻人会感到迷茫，觉得各种职业都不适合自己。

今天的年轻人，特别是具有大学学历的年轻人，大多有以下三种想法：第一，觉得领导或者单位根本不重视自己；第二，对自己每天干的事情提不起精神来，虽然能完成任务，但好像做得也不算好；第三，即便尝试了很多职业，也不知道自己适合干什么。这三个问题其实都指向同一个本质问题，就是深度工作的能力不够，甚至从来不曾进入深度工作的状态。

纽波特认为，一个人是否喜欢做一件事，很大程度上取决于他能把这件事做得有多好。比如一个中学生，如果数学成绩比较好，语文成绩比较差，他就倾向于花更多的时间在数学上，而且觉得自己有数学天赋，然后数学就会越学越好，语文则越来越差。

类似地，如果一个孩子网球打得比同龄人好，他慢慢就会觉得打网球是他的梦想，对于其他不擅长的事情则没什么兴趣。但如果有办法让他把足球也踢得很好，甚至取得的成绩比网球成绩还要好，他可能就会觉得原来自己喜欢做的事情是踢足球，而不是打网球。

工作也是类似的道理。如果一个人做着自己并不擅长的事情，又得不到外界的肯定，就会形成双重负反馈，进而他就会觉得自己不适合做这件事情，就会考虑换工作。现在社会上工作的类型很多，机会也比较多，很多年轻人在10年之内可以换七八份工作，但没有一份能做到专家的水平。

如果做事的心态没有变，那么无论换多少份工作，也只是重复上一次的结果——兴高采烈地开始，心灰意冷地离开。当一个人换了好几份工作，感觉世界上自己能想到的、能干的好像已经都尝试了一遍，他就会得出结论，觉得自己什么也不适合，或者最后找一份钱相对多一点的工作凑合干。

这个问题的症结并不在于这样的人没有潜力把事情做好，而在于他们什么事情都没有干熟，进入不了深度工作的状态。

那么，深度工作是一种怎样的状态呢？

纽波特研究了职业运动员、表演艺术家、科研人员，发现他们在做自己专业的事情时，都会进入一种被称为"沉浸"的状态中。纽波特把这种状态称为"深度工作"。比如，一位顶级的吉他手在练习弹吉他时，甚至会忘记呼吸（当然，人一旦憋气就会感到难受，然后我们就会看见这位吉他手大口喘气）。人一旦进入这种忘我的沉浸状态，工作效率提高的可不是 30%、50%，甚至不是 3 倍、5 倍，而可能是 10～20 倍。

我记得篮球明星科比有一次在采访中讲，他每次上场比赛前，都在精神上把自己与周围的环境隔绝开来，脑子里不再想其他事情。这时他对队友的态度就是"哥们儿，这时不要和我说话"。等入定之后，才上场比赛。也就是说，深度工作不只适用于脑力劳动，对各种工作都是适用的。

我自己对纽波特的这个观点是深有体会的。我有时候写书，进入状态后，文思如泉涌，1 小时能写 2000 字；但有的时候，心思集中不起来，1 小时连 100 字也写不出来。我过去做研究时也有过这样的体会，有时候进入状态，连睡觉做梦都在想着工作，3 天的成果抵得上平时 2 周的。

相比之下，有很多人虽然已经参加工作很长时间了，但从来不曾进入这种状态。纽波特讲，只进行简单的重复性练习，人很快就会达到一个天花板；只有投入忘我的练习之中，人才有可能成为大师。

那怎样进行忘我的练习呢？总的来说，就是要进行系统练习，减少外界的干扰，集中精力不能分神，特别是不要用手机。这里顺便说一句，从 2017 年开始，纽波特就成了"数字产品最小化"的倡导者，鼓励大家尽可能少地使用电子产品。在《深度工作》这本书中，纽波特给出了四个具体的练习方法，我在这里分享给你。

第一个方法，要分清浅层工作和深度工作的工作内容，每天安排不同的时间做这两种不同的工作。

比如，看邮件、听新闻、整理工作报表等，都可以在浅层工作的状态下进行。做这种工作，即使被微信消息或者电话打断了也无妨，甚至戴上耳机听音乐也没有关系。

但还有一些事情是需要在深度工作状态下进行的。比如，你是一名计算机工程师，在找一个程序上的漏洞，这就需要深度工作了。深度工作时，你需要全身心投入其中，不能被任何事情打断。

大型跨国公司里有很多效率很高的管理者，他们通常有一个特点，就是读邮件和回邮件是不同的时间。读邮件时是浅层工作，回邮件时则是深度工作，因为写邮件是作决策，需要深入思考。比如，曾任微软副总裁的陆奇有一个工作习惯，在全公司每天来得最早、走得最晚，在没人打扰的时候，他就可以做需要深度工作的事情。

第二个方法，要先衡量你深度工作时所做的事或者所练习技能的重要性和稀缺性。

有一个简单的办法可以衡量哪项工作或者技能具有稀缺性：通常，老板能用 KPI（关键绩效指标）衡量结果的工作都不具有稀缺性，因为 KPI 的特点就是换一个人照样能完成。

有些年轻人换工作的频率特别快，其实也侧面显示出他们做的工作不重要，换个人一样做。他们自己固然看不上这份工作，但单位对他们也无意挽留。如果你花了很多时间，掌握了一项很多人都有的技能，那你的重要性就得不到体现。因此，同样是进行深度工作、深度练习，做什么事很有讲究。

在一个单位里，有两种工作是最重要的，一种是项目中具有创造性的部分，另一种是掌控整个项目的部分。前者通常是专业人士、技术专家的特长，后者则是管理者的特长。一个人最好通过深度工作侧重练习这两方面的技能。

第三个方法，要和你自己喜欢的人一起工作。

如果你无论多么努力都觉得无法和你的领导共事，那可能要考虑换一个组或者换一家公司。否则，工作中的人际关系会占用你的注意力，甚至影响你的工作，导致你总是得不到深度工作的机会。相反，如果你周围有一些可以帮助你进步的同事，你不仅能提高自己的认知水平，还能不断得到关于工作的客观而中肯的反馈。这对于你增强深度工作的能力就是一个正向循环。

中国有句俗话："男女搭配，干活不累。"这句话在一些场合是非常有道理的。比如，在 IT 公司，工作环境里都是男的，可能会太压抑、太沉闷，人就容易心烦，自然无法深度工作。一定的男女搭配，可以缓解彼此的压力，让工作氛围更好。

第四个方法，尽量少用电子产品。

纽波特认为，电子产品对深度工作能力会造成损害。他说的电子产品，既包括手机、平板电脑等硬件产品，也包括社交媒体这样的互联网服务。尤其是对于知识工作者，他们的精力和注意力相当宝贵，如果过度使用这些电子产品，最终他们的竞争力会受到损害，成功也就无从谈起了。

有人会觉得，使用电子产品是社会的大趋势，大家都在用，这的确是事实。可是大部分人每天疲于奔命地工作，仅仅能够维持生计或者养家糊口，这也是事实。如果你觉得大家都这么做，自己这样做也无妨，那你能够超越别人获得成功的理由又在哪里呢？纽波特讲，当你觉得大家都这么做，所以自己也可以这么做的时候，可能就离梦想越来越远了。

以上这四个方法中，我觉得前三个最重要，而且很实用。

纽波特在《深度工作》这本书中一直强调两个关键词："激情"和"稀有技能"。他认为，对于一般人而言，这两个特质最能够帮助自己取得成功。技能的稀缺性这一点我们刚才已经谈到了。接下来我重点说说纽波特对于"激情"的看法。

纽波特认为，没有人天生就知道自己要做什么，大部分人对一件事的激情来自他对这件事的擅长程度。因此，他建议，年轻人刚开始工作时可以尝试多做几种工作，但最多不要超过六七种，这对大部分人来讲已经足够多了。但我觉得，最重要的是，在每一次尝试中，都要尽可能进入深度工作的状态，因为只有进入这种状态，才有可能产生激情。

如果所有的事情都只是蜻蜓点水地做一做，那么十年之后，可能你依然不知道自己的梦想在哪里、自己适合做什么工作，因为你从来没有体会过工作的激情。

总之，人一旦掌握了深度工作的能力，就已经把同龄人甩在后面了。接下来，找到属于自己、适合自己的工作，然后借助职业实现梦想，就只是时间的问题了。

比敬业精神更高的是什么

敬业精神是职业化社会对人最基本的要求，人在敬业之上，还需要有一些更高层次的追求。要理解这一点，我想谈一谈芝加哥公牛队最辉煌时期的篮板王丹尼斯·罗德曼。

在一场比赛中，一名摄影记者捕捉到了罗德曼救球的一个瞬间——他拼尽了全力去救这个球，甚至身体与地面几乎平行了。看到这里，很多人会觉得，这肯定是哪场关键比赛中的决胜一球吧？

但实际上，这只是一场普通的 NBA（美国男子职业篮球联赛）常规赛。这场比赛发生在 1997 年 2 月 22 日，罗德曼所在的芝加哥公牛队是客场作战，对手是波特兰开拓者队，实力并不强。罗德曼救球时，场上的比分是85∶65，公牛队领先20分，优势很大。在这种情况下，面对一个快出界的球，马上就要36岁的罗德曼整个人都扑了出去，想要救回这个球。

从很多角度来看，你都无法解释这件事：这是客场比赛，罗德曼不能指望有多少人为他喝彩；罗德曼和公牛队的合同快要到期了，一般人都会希望自己能够全身而退，不希望有伤影响接下来的转会；这也不是关键比赛的关键球，救不救对结果都没什么影响。总之，从各方面考虑，罗德曼都完全没有必要去冒这个险。换成其他球员，可能也就让那个球出界了。而罗德曼却本能地作出了全力救球的动作。

对于罗德曼在赛场上的这种表现，很多人会说，这就是职业素养。但我不这么认为，因为即使是非常敬业的球员，也不是每个人都会像罗德曼那样奋不顾身地去救每一个球。要做到这个程度，需要的就不是职业素养了，而是梦想。这就是罗德曼和一般的职业运动员所不同的地方。

罗德曼生长在一个非裔单亲家庭，他回忆说不觉得自己有过父亲。他的母亲非常勤劳，为了养活家里的三个孩子，曾经一天打四份工，这让罗德曼明白要靠劳动养活自己。

罗德曼和他的姐妹们都喜欢打篮球，但直到高一，罗德曼的身高也只有 1.68 米。在中学校队里,罗德曼一直是一名板凳球员,校队教练也不认为他有任何篮球天赋。很多 NBA 球员都是高中就崭露头角,然后进入杜克大学、北卡罗来纳大学这样的篮球名校,再顺理成章地进入 NBA。因此,没有篮球名校会看中做了 3 年替补的罗德曼。高中毕业之后,他就找了一份机场夜间保安的工作养活自己。

然而奇迹发生了。在此后的一年里,罗德曼突然长高了 20 多厘米,身高达到了 2.01 米。于是,他开始梦想成为一名篮球运动员。他找到当地社区学院(相当于中国的大专)篮球队的教练,从社区学院的篮球队打起,逐渐练就了投篮和抢篮板的本领,这让他被一所大学看中。但这所大学的篮球水平并不高,在全美大学体育联盟中,基本上只相当于一个丙级队。

但就在这个不起眼的球队里,罗德曼做到了 3 年场均 24 分、15 个篮板,带领球队拿到了所在联赛(美国大学低级别篮球联赛,NAIA)的全美第三,创造了校史纪录。这让他获得了底特律活塞队的青睐。在 1986 年选秀大会上,该球队以第二轮总第 27 顺位选中了他。罗德曼的这番曲折经历,在 NBA 历史上是比较少见的。

罗德曼能够创造奇迹,与他对篮球的梦想和信念是分不开的。虽然罗德曼性格放荡不羁，平时行事乖张，但到了教练面前，他就是一个一心追逐篮球梦想的"痴人"。在 NBA 里，罗德曼几乎没有朋友，大家常常嘲笑他，媒体也喜欢报道他的负面新闻，但是大家都承认他是篮球的忠实信徒。

进入 NBA 后，罗德曼从板凳队员做起，靠勤奋练就的防守技能逐渐显示出了自己的价值。1987 年的季后赛中，罗德曼所在的活塞队对上了当时的热门球队——超级巨星拉里·伯德率领的凯尔特人队。虽然最后活塞队输了比赛，但罗德曼居然能防住伯德，这让大家对他刮目相看。接下来的几年里，活塞队在当时 NBA 最好的控球后卫之一的以赛亚·托马斯的带领下，两度夺得 NBA 总冠军，罗德曼在其中也起到了重要的作用，他也是在那时第一次获得了最佳防守球员的荣誉。随后，他效力于圣安东尼奥马刺队，虽然在球场上表现优秀，但他乖张的行为总是惹人非议，最后被传奇教练波波维奇赶出了球队。幸运的是，芝加哥公牛队收留了他。

当时绝大部分球迷都觉得公牛队此举是自取灭亡。要知道，活塞队曾在 1989 年和 1990 年夺得 NBA 总冠军，连续两年淘汰了公牛队，当时罗德曼和公牛队的两位绝对主力——乔丹和皮蓬，可以说是死对头，每次在比赛中遇到几乎都是打架多过打球。因此很多人觉得，罗德曼这个"恶魔"会毁了公牛队。

对于公牛队的教练来讲，最大的挑战就是怎么把罗德曼这个"坏孩子"融入球队战术之中。教练和罗德曼讲得很清楚，投篮这种事有乔丹和皮蓬做，抢篮板、防守、抢断这些"脏活"要由你去做。罗德曼面对这种安排毫无异议，在训练和比赛中非常配合。就连乔丹都惊讶罗德曼能够那么快学会公牛队复杂的进攻战术。

那一年（1995—1996赛季），罗德曼和乔丹、皮蓬带领公牛队势如破竹地夺得了NBA总冠军，并且创造了NBA历史上常规赛胜率的纪录（72胜10负），这个纪录保持了近20年才被金州勇士队超越（2015—2016赛季）。罗德曼和乔丹、皮蓬一起入选了当年的最佳防守阵容，这也是NBA历史上第一次有3位同球队队员同时入选最佳防守阵容。

在整个NBA职业生涯中，罗德曼连续7年成为篮板王，所在球队5次获得总冠军。虽然在场外流言不断，可一旦站到球场上，他就是一个追梦人、一名不折不扣的斗士。

2019年，中国男篮在世界杯遭遇惨败，担任比赛解说的前国手王仕鹏第二天发了一条微博，配图就是那张罗德曼飞身救球的照片，也许他是借此批评某些运动员敬业精神不足。但敬业精神并不是孤立存在的，作为一名运动员，如果缺乏对这项运动的梦想与热爱，就很难真正具有敬业精神。

一件事情能做到多好，常常要看一个人用什么态度去做。用单纯对待工作的态度去做，一般情况下能做好，但遇到麻烦就可能会推脱责任。要再进一步，就需要具有敬业精神，只有这样人才能够在顺境和压力下都维持比较高的工作水平。但如果还要再往上走，做到别人做不到的事情，就需要有梦想和信念了。

"梦想"这个词，也许你已经听得很多了，很多人都会说"我有梦想啊"。但梦想不是口头上的，我认为，如果达不到以下三个基本要求，梦想就只是空想。

第一，为梦想付出过长期的努力。罗德曼付出过，乔布斯也付出过。

第二，不是在拿别人的资源成就梦想，而是为了梦想倾尽自己的所有。我以前讲过，马斯克为了办公司，搭上了自己的全部身家。而很多创业者说自己有梦想，只是说给投资人听的，一转身便在股票高价位时套现离场。

第三，为梦想放弃过其他机会。这是检测"真正梦想"的试金石。很多人想到名牌大学拿一个学位，却不愿意放弃目前收入不错的工作,这样的梦想永远不会实现。罗德曼在大学时也是赛场上的得分能手,到了 NBA 却只有干"脏活"的份儿,如果不愿意这样做,他后来也不能实现自己的梦想。

长期的努力、倾尽所有的付出、为梦想放弃其他机会,只有做到这三条,梦想才不再是幻想,而是未来的现实。

孙悟空的紧箍究竟有什么用

今天,"逆向思维"和"换位思考"都是很时髦的词。很多我们一开始不喜欢的东西,经过逆向思维和换位思考,我们就能体会到,它们的存在可能有一定的道理。

孙悟空头戴的紧箍便是这样的东西。我不知道你对孙悟空被戴上紧箍这个情节有什么感觉,至少我小时候读到那里心里很不好受,因为孙悟空从此失去了自由。不过,长大以后,我对这件事又有了新的思考:孙悟空最开始是被迫戴上了紧箍,但后来却逐渐开始享受紧箍。

当然,我知道这么说很多人会不同意。紧箍明明是他人加在孙悟空头上的一个枷锁,让孙悟空从此失去了想干什么就干什么的自由，特别是不能随意打杀妖怪，甚至限制了他惩奸除恶。这样一个枷锁，他怎么可能享受呢？咱们别急着下结论，先来看看书中孙悟空从戴上紧箍到最后得道成佛，这期间他对紧箍的心态变化。这个心态变化基本上可以分成三个阶段。

第一阶段，观音菩萨交给唐僧一套衣服，其中有一顶"嵌金花帽"，紧箍就在帽子里，她还教给唐僧一篇"定心真言"，也就是紧箍咒。后来孙悟空看到这一套衣装，有些喜欢。唐僧就顺着说这套衣服如何好，劝说孙悟空穿上。孙悟空就欢天喜地地穿戴上了。其实孙悟空这算是被哄骗着戴上了紧箍。为了试验紧箍咒灵不灵，唐僧开始念咒。孙悟空发现，原来自己上当了，他想把紧箍摘下来，却毫无办法。这时，孙悟空的心态是不情愿和反抗。

第二阶段，孙悟空屡屡受到紧箍咒的惩罚，最主要的有三个场景。第一个场景是孙悟空要打唐僧，唐僧念了一次；第二个场景是三打白骨精，唐僧念了三次，这导致孙悟空和唐僧的师徒关系一度破裂，孙悟空甚至返回了花果山；第三个场景是在乌鸡国，唐僧为了让孙悟空救国王，又念了一次。

在这几次念咒的过程中，孙悟空基本上是从反抗到顺从，可以讲紧箍咒对孙悟空是起了作用的。但是，三打白骨精的故事发生在《西游记》第二十七回，乌鸡国的故事结束在第四十回，而《西游记》后面还有六十回呢。

在后六十回里，唐僧虽然还念过几次紧箍咒，但基本上都是乌龙。其中，一个场景是为了分辨真假唐僧，另一个场景是假悟空六耳猕猴捣乱打死了人，最后一个场景是为了分辨真假孙悟空。如果加上一开始唐僧为了试验紧箍咒灵不灵念的一次，书中一共出现过七次唐僧念紧箍咒的情节。

孙悟空真正被紧箍所管束、惩罚的时间，其实就是最开始的一段时间。从篇幅上讲，就是从第十四回，唐僧在五指山下救出孙悟空，一直到第四十回，唐僧一行人离开乌鸡国。这段时间，仅仅占了取经时间的大约三成，并不算很长。

第三阶段，就是孙悟空逐渐开始享受紧箍的过程了。为什么这么说？因为戴上了紧箍，他这只神仙们原本看不上眼的野猴子，就成了佛门嫡系了。此时，不但找观世音菩萨帮忙是有求必应，他还能调动天上的神仙。神仙们如果不肯帮忙，他就拉人家去玉帝或者佛祖面前评理。久而久之，他甚至可以和道教始祖太上老君、地仙之祖镇元子等称兄道弟。这种好处可不是他当美猴王的时候能拥有的。

很多人讲，吴承恩写《西游记》，是借着神话故事来描绘社会现实,这种说法有一定的道理。我在《吴军阅读与写作讲义》一书中讲过,任何文学作品,归根结底都是现实主义作品,因为虚构的内容总是受制于作者的现实生活,往往也会成为对现实生活的反映。

孙悟空对紧箍的态度,从刚开始的不情愿、反抗,到后来的顺从,甚至是享受,其实很有现实意义。实际上,几乎每一个人的成长都是一个从反抗紧箍到享受紧箍的过程。紧箍这东西,有好的一面,也有不好的一面。它不好的那一面,谁都能很直观地感受到,我们就不展开讲了。接下来,我们来看看紧箍好的那一面。具体来说,也就是紧箍的用途。

孙悟空是谁?他神通广大,可以长生不老。那么他算是神仙吗?很多人觉得可以算。但其实他并不符合神仙的条件,因为他虽然有灵性,却没有神性,本心依然是一只猢狲。如果只凭自己修炼,就算再修几千几万年,他可能依然只是一只猢狲。《西游记》里被孙悟空打死的妖怪,很多修行时间也不短,但依然登不得大雅之堂。

然而,孙悟空是幸运的,他被如来佛祖和观音菩萨选中,伴随唐僧去完成一番伟业,于是被佛门这个组织接收了进来。为了防止野性未泯的孙悟空闯祸,也为了防止他中途退却,观音和唐僧就要用紧箍咒约束他。任何人在刚开始受到约束时都会觉得很痛苦，孙悟空当然也不例外。所幸在取经的路上，唐僧用自己慈悲为怀的行动慢慢感化孙悟空，最终孙悟空心态也发生了变化，不再惦记着回花果山当山大王，而是心甘情愿地护着师父完成了取经的伟业。

并且，戴上紧箍之后，孙悟空很快发现他被神仙的圈子接纳了。在之后降妖除魔的过程中，他不再是孤身战斗，而是背后有了一个强大组织的支持。在后来的取经历程中，你也能发现，孙悟空很享受与众神仙为友而不是为敌的生活。可以讲，这是紧箍带给他的直接利益。

孙悟空最终成了佛，但成佛之路本身是漫长甚至痛苦的。唐僧历经八十一难取到了真经，孙悟空也伴随师父经历了大部分磨难。不同的是，唐僧要克服的主要是外界的磨难，而孙悟空则要时时刻刻与自身的恶做斗争。

紧箍的限制，在某种程度上是帮助孙悟空戒恶戒嗔，让他放弃心中与佛性相违的贪嗔痴慢疑，逐渐获得自己的神性。事实上，当孙悟空开始放弃兽性，唐僧也就很少用紧箍咒惩罚他了。严格来讲，只有在三打白骨精那个场景中，唐僧才真正对他施以了严厉的惩罚。

等到孙悟空完成修行，到达雷音寺，见到佛祖成佛了，头上的紧箍也就自动消失了，因为紧箍，或者说戒律已经内化到了他的心中。

其实，紧箍并不独属于孙悟空。唐僧的心中、佛门众弟子的心中，都有属于自己的"紧箍"。

那么"紧箍"到底是什么呢？

康德的一句话也许可以回答这个问题。他说："有两种东西，我对它们的思考越是深沉和持久，它们在我心灵中唤起的赞叹和敬畏就越是历久弥新，一是我们头顶浩瀚灿烂的星空，一是我们心中崇高的道德法则。它们向我印证，上帝在我头顶，亦在我心中。"这句话还有另一个更精炼的翻译版本："世界上只有两样东西是值得我们深深景仰的，一个是我们头上的灿烂星空，另一个是我们内心崇高的道德法则。""紧箍"其实就是这样的东西。

中国人过去总是说"举头三尺有神明"，这就是中国人心中的"紧箍"。正是因为有这样的约束，君子才会谨言慎行，百姓才懂得诸恶莫为。康德还说过，"自律即自由"。一个人如果懂得约束自己，给自己限制，他也就因此而自由了。

现代社会崇尚自由，但我觉得我们还是需要戴一个"紧箍"。这个"紧箍"有三层内涵：第一，它是基本的行为准则和道德规范，用古典自由主义者的观点来讲，就是秩序和法律；第二，它是自然法则，也就是宇宙中基本的运行秩序；第三，它是个人以外的，来自组织的力量。

我们重点来看看第三层内涵，即组织的力量对自己的限制。

我经常会用共同体来说明组织的作用。共同体是一个特殊的组织，组织内的人需要融入这个共同体才能生存。可以说，各行各业都有共同体或者类似的组织。一个职业人士，一旦进入了这样的共同体，就戴上了一个"紧箍"。

一开始，很多人肯定也和孙悟空一样，觉得不自由，到处碰壁，甚至会受到惩罚。但是，最终能够在各种专业领域走得远的人，都是能够理解和接受"紧箍"的人。当然，就像孙悟空的紧箍一样，这种限制的另一面也是一种认可，如果一味排斥这种限制，实际上也是在排斥来自一个组织的认可，也就失去了融入组织、借力于组织的可能性。

讲回到"紧箍"。我经常和创业者讲，当你拿到投资的时候，你其实也就戴上了一个"紧箍"。一个初创公司，在没有获得融资时，尽可以完全按照自己的意愿做事情，想做什么就做什么，想怎么花钱就怎么花钱。但是，一旦获得融资，它就有了很多限制，也就是"紧箍"。比如，创始人不能随意给自己开工资，要注意节省办公成本，做事情必须规范，有些不被看好的项目就不能做了，等等。这些"紧箍"有时会带来严厉的甚至是刻骨铭心的惩罚。等到被大公司收购或者上市，初创公司就有了更多的限制。但是，换一个角度来看，这些"紧箍"恰恰是初创公司被市场看好的证明。也正是靠着这些"紧箍"，很多初创公司才能成长为一家做长久生意的企业。

美国顶级大学的教授是如何晋升的

上一节中提到了共同体的作用,下面就来说一个很具体的问题:美国顶尖大学的教授是怎么晋升的?从这个过程中,大家能体会到专业共同体是如何运作的,也能体会到"紧箍"的作用,这里面的一些原则还能够让在大公司追求职业发展的人获得些许启发。

由于美国大学的教授升迁方式各不相同,这里我就以我最熟悉的约翰·霍普金斯大学、麻省理工学院和斯坦福大学一些院系的晋升原则为例来说明。其他大学在具体操作上会有一些细节上的差异,但大体原则是相同的。

在美国的大学里,教职人员的职业生涯基本分为两条线,一条是终身教职线，即 tenure track；另一条是非终身教职线。这两条线泾渭分明，在非终身教职线上的人，几乎没有可能转到终身教职线上。因此，在美国进入终身教职线是件很不容易的事情。不过，进入这条线也只是说明将来有希望成为终身教授，还不等于已经成为终身教授。

终身教职线上有三个职级，依次是助理教授、副教授、正教授。要特别说明的是，助理教授不是助教。在美国，助教是由博士生兼任的，不是正式职位。另外，这三个职级的人都能带博士生，如果在国内，都可以叫博导。在大部分学校，从第二级的副教授开始就能获得终身教职，但也有个别大学只有正教授才是终身教职。20多年前我在约翰·霍普金斯大学读书时，学校就是这样规定的，后来在 2010 年前后改成了副教授也是终身教职。通常，美国的大学会给一位助理教授 5～7 年的时间，看看他能否升到副教授。如果行，就留下；如果不行，对不起，走人。因此，从某种意义上讲，这就相当于给助理教授戴上了"紧箍"，他们必须拼命工作，直到获得终身教职，"紧箍"才能摘下来。

在美国的大学里，各个系并没有正教授、副教授和助理教授的比例限制，所以也就不存在晋升名额的说法。比如，这次有 5 个人申请晋升，如果 5 个人都合格，那么都可以得到晋升；如果都不合格，那一个也不会得到晋升。

那怎样才算符合晋升的条件呢？通常来说，要过四关。

第一关是职称评审委员会的审查，这个委员会是由全系的教授大会任命的，所有成员都是获得终身教职的教授，都有否决权。也就是说，你的晋升需要委员会全票通过才行。

那职称评审委员会审查的是什么呢？主要是申请人的资格。依据主要是申请人教学、科研的一些硬指标，比如讲课课时数、学生的评语、科研经费的数额、带博士生的数量，等等。这些指标，特别是科研经费的数额，并没有绝对的标准，但总之是工作做得越多越好。

接下来是第二关，考察申请人的学术水平。因为委员会里的教授和申请人不一定是一个专业，他们未必能很准确地判断申请人的学术水平，所以美国的大学通常是靠一种特设的临时委员会对申请人的学术成就进行同行评议。这个临时委员会的成员就不一定是本校教授了，可能是其他大学的教授，或者这个领域的其他资深人士。

系主任会召集这个临时委员会进行评议。先由系主任介绍每一位申请提升的教授的情况，然后委员会的委员对申请人是否合格进行判定。在大多数大学里，也需要全票通过才能过这一关。[1]

系里的这两关通过了，第三关就要到学院里，比如工学院、医学院等。学院会组织一个执行教授委员会来审核整个学院所有的晋级申请。

这个委员会由学院的所有系主任组成，如果某位系主任不能参加，他会指派一位资深教授代替他去开会发言。这时，每位系主任要向大家陈述自己系里所有申请晋升的教授的材料，特别是前面两个委员会的评审意见。

这一关主要有两个目的。一是审核某个教授的申请材料是否合规、是否达到了整个学院的要求；二是各个系之间彼此校准，因为系与系之间的尺度也可能有所不同。

学院的这一关通过了，就到了学校这最后一关。只有得到大学的校长或者董事会批准，晋升才能生效。这一关没有太多实质性内容，但是由于校长或者董事会不是随时都有时间做这件事，因而这一关可能会耽搁一些时间。但这种耽搁也是有影

---

[1] 在规模比较小的院系，同行评议这一项有时也会放在资格评审之前，同行评议的意见作为申请材料之一提交给系内的评审委员会。

响的，在此期间，万一有人提出非常强烈的反对意见，就需要进行复核。

听完了这个烦琐的过程，你会发现，在美国混到终身教职确实不容易。实际上，在美国的顶级大学里，选择了终身教职线这条职业线路的学者，只有大约一半的人最终能获得终身教职。

在这个烦琐的晋升过程中，有什么因素是起决定性作用的呢？虽然各个大学略有差异，但是有一点是差不多的，那就是在学术水平达标的前提下，同行评议和个人的人缘是决定晋升与否最重要的因素。

在美国，无论是助理教授升副教授，还是副教授升正教授，都没有论文数量和科研经费数额的严格要求。当然，在一所研究型大学里，一个人科研经费是0肯定也不行。但既然没有硬性的数值指标，判定一个人的水平高低，很大程度上就取决于他在学术界是否被同行认可了。

学术界对你学术成就的认可，比你发表论文的数量重要得多。不仅晋升是这样，发表论文、申请经费，都会受到这方面的影响。比如晋升过程中需要的推荐信，从助理教授升为副教授，通常需要3～5封推荐信，而从副教授升到正教授，可能需要多达5~7封，而且常常要求校内和校外的各一半。之所以要求有校外的推荐信，是为了防止利益冲突——既为了防止你在学校内的竞争对手排挤你，也为了防止你在学校拉帮结派。

为什么这些大学不看重论文数量、科研经费数额这些硬指标，而要看同行推荐这样的主观评价呢？原因很简单：你是否有足够的能力和声誉，同行是最清楚的。在这种评审制度下，想通过发表很多没用的论文来钻空子就行不通了。

在美国，不仅对教授的评估是这样的，对大学的评估也是类似的：只有学术界的人都认为你是一流教授了，你才能算是；只有学术界都认可某所大学是世界一流大学，它的地位才能真正被确立起来。

我比较熟悉的约翰·霍普金斯大学和斯坦福大学，对副教授的要求是在领域内拥有全国性的声誉（national reputation），对正教授的要求是具有国际性的声誉（international reputation）。在美国，有些教授在中国已经很有名了，但是他们的级别似乎不算高，这主要是因为他们还年轻，在学术界的地位还没有完全确立起来。比如斯坦福大学的李飞飞教授，很多年前在中国就很有名了，但到2017年才被提升为正教授，这不是因为她水平不够，而是因为在全世界的学术圈内树立名声需要时间。

这样一来,你也就能理解为什么我说人缘很重要了——因为同行的认可除了和绝对的学术水平有关,也和人缘有密切的关系。同行评议的推荐人一般都是由你自己指定的,但推荐信你不能看,系主任会直接向推荐人索取。当然,推荐人越有名,信就越有分量,如果能得到学界泰斗的推荐,晋升的机会就会大很多。而负面的推荐信常常是"致命"的,委员会在评议时可能会要求你的系主任一条一条解释里面的负面评语。如果系主任力推你,少量的负面评语可能还能解释得过去;如果系主任和你关系一般,那几条负面的评语就会让你六七年的努力付之东流。

同行评议还有一个好处,就是它在客观上促进了整个学术界的团结。虽然两所大学的教授在争夺科研经费时可能会"打架",但是在同一个学术圈内,他们仍然会更重视合作,因为在学术界工作可能需要他们打一辈子的交道。

讲完教授晋升的过程,你可能也发现了,获得学术圈的认可远比单干出成果更重要。其实不仅学术界是这样,越是那些历史悠久的大公司和大机构,其晋升越是讲究流程和重视同事的看法,因此大家很难单靠一件事的功劳获得晋升。

那么，这种方式是否有可能埋没一些英才？一定会。但是从一个组织的角度来讲，这种做法是最稳妥的。回到我们自身，如果要在一个组织中发展，我们也需要换位思考。这不是说让你换位到具体的某个领导者的位置，而是说要站在整个组织的角度，来思考组织有怎样的需求，并以此为参考来审视我们的职业发展路径。

高情商不只是能言善道

每一个人都希望自己有高情商,这被公认为是职场成功的关键因素之一。那么究竟什么是情商呢?

有人把它简单地理解为待人接物的能力,但实际上,情商所涵盖的范围绝不止于此。具体来讲,情商包括以积极的方式管理自我情绪、缓解压力的能力,理解他人的能力,以及与他人进行有效沟通的能力,这些能力最终会帮助我们达到克服挑战和化解冲突的目的。也就是说,情商其实包括三个方面,但是很多人往往认为情商就是能和他人有效沟通,却忽略了管理自我情绪和理解他人这两个重要的方面。

很显然,如果一个人能够很好地管理自己的情绪,富有同理心,能够站在他人的角度想问题,即使他不善于沟通,情商也未必很低。相反,如果一个人学了很多所谓的办公室政治手段和沟通技巧,但是无法很好地管理自己的情绪,冲动易怒或者容易消沉,对周围的人缺乏同理心,那即使他看上去很会交际,情商也未必高。这两个方面,对于一个人克服挑战、化解冲突、建立友谊都是必要的。一个很会"来事儿"的人,有可能会让人觉得"假",因为缺乏同理心的所谓沟通技巧,其实你一眼就能看出来。相反,一个稍显木讷却很真诚的人,反而能赢得你的信任。相比之下,其实后者情商更高。

当然,以上是比较概括的说法。既然情商中有一个"商"字,就意味着它需要一个可量化的度量标准。我们知道智商可以通过测试衡量,那么情商如何衡量呢?情商研究专家,同时也是把"情商"这一概念推向世界的美国心理学家、超级畅销书《情商》(*Emotional Intelligence*)的作者丹尼尔·戈尔曼,与另一位心理学家特拉维斯·布拉德伯利提出了衡量情商的七个维度。根据这七个维度,这两位心理学家设计了一套相应的量化检测问卷。不过,我个人认为不必太关注这种测试的分数,因为分数不是绝对的。与之相比,衡量情商的七个维度对于我们的意义更大,可以让我们更具体地了解培养情商的方向。

戈尔曼和布拉德伯利给出的这七个维度分别是：

1. 自知，或者说了解自己；
2. 对情绪的自我控制；
3. 同理心；
4. 适应能力，或者说有效控制变化的能力；
5. 不沉溺于过去；
6. 善于表达；
7. 专注。

在这七个维度里面，我觉得要最需要培养的是同理心。其他几个维度都是我们非常熟悉的情商的内容，已经有不计其数的讨论如何改进这些方面的书和课程了。但是，同理心这一点却常常被人忽视，人们很容易以为情商是善于影响别人的能力，却忽略了其本质是理解自己和理解他人的能力。

我有一位朋友，他是一位非常成功的企业家，曾经和我分享过他亲身经历的两件事情。这两件事充分体现出了同理心在情商中的意义，接下来我就把这两件事以及我的思考分享给你。

（一）不要无谓地做"带来坏消息的人"

大约 10 年前，我这位朋友的企业年收入就已经有上亿元了，公司有近百名中层干部。有一回，这位老板准备好了股东大会报告，下班之前先在公司内网发给了中层干部，想看看大家有什么意见和建议。在报告中，报告的起草人不小心犯了一个小错误，把营收数据这一项的单位"万元"写成了"元"。

有的干部很快就发现了这个错误，并立刻告诉了老板，所以他当时就知道报告中存在这个错误了。但是由于当时已经下班了，秘书和报告的起草人都不在，暂时没有人去更正，所以后续所有有权限的中层干部都看到了这个错误。

第二天一早，这位老板收到了大约四五十份关于报告的反馈，有一大半是在具体讨论报告还有什么可改进的地方，还有一小半的反馈就只有一句话，说发现营收数据的单位那儿漏掉了一个"万"字。这位老板跟我讲，通过这件偶然发生的小事，他就发现不少干部的情商可能不太高。

为什么这么说呢？他讲了自己的两个看法。

首先，除了一开始就指出那个笔误的一些人之外，那些更晚才提交反馈却只说了这一处错误的人，情商是有问题的，而且问题就出在同理心上。一方面，这部分人没有考虑到老板收到反馈之后的想法；另一方面，他们也没有考虑过同事的做法。

老板将报告发给大家，当然是希望得到有建设性的意见和建议，结果他们只是挑出了一个笔误，这样的反馈没有意义。而且这样的一个小错误被人反复提起，老板心里一定是不痛快的。只要稍微想一想就应该知道，这样明显的错误通常一开始就会有同事指出来，如果你的反馈提交得并不早，大概率你并不是那个第一个发现的人，那就没有必要去做一个反复带来坏消息的人。

更重要的是，在这种情况下，如果真的没有建设性的建议，即使不回复，老板也不一定会对他们的业务能力或责任心有更多的想法。但如果回复了，却只提了这样一个最显而易见的错误，老板就不免会产生这样的想法：这到底是因为他们提不出有建设性的建议，还是因为他们对公司的发展其实不怎么上心呢？

（二）情商高要体现在行动上

我这位朋友的公司原来有两款产品，一款是针对 Wi-Fi 技术的，另一款是针对蓝牙技术的，分别由两个部门负责。之后随着技术的发展，这两款产品需要合二为一。但是，这两个部门的负责人和一些业务骨干都反对合并，因为这会损害他们各自的利益。于是他分别找来两位负责人，了解他们的想法。

两位负责人都表达了三点想法，前两点基本一致，最后一点却大相径庭。这三点想法是这样的：

第一点，两位负责人都表示，两款产品的合并势在必行，这说明其实两人心里都明白事情应该怎么做。

第二点，两人都表达了希望合并后由自己来负责这两款产品开发的意愿。关于理由，Wi-Fi 负责人讲，自己能够对两个团队做到公平对待；蓝牙负责人讲，自己能力更强，而且未来蓝牙会更重要。后者这么说是有道理的，因为当时 4G 网络已经发展起来了，很多地方未来可能不需要 Wi-Fi 了，手机就能成为上网热点；而随着可穿戴式设备的兴起，蓝牙设备数量则会增加很多。

第三点就不一样了。Wi-Fi 负责人说，如果公司决定了由另一位主管来负责这两款产品，希望公司能给他安排合适的位置，他会继续为公司效力；蓝牙负责人则说，如果公司决定让另一位主管来管理，他会考虑离开公司，因为在过去有竞争的同级手下工作，他可能无法发挥自己的特长。

老板听完两人的陈述，就有了想法。接下来，他把两个部门合并了，任命蓝牙负责人作为合并后的新部门的负责人，职级提高了半级；然后安排 Wi-Fi 负责人去新成立的部门，开发未来的通信产品，职级也提高了半级，但是手底下的人并不多。到此，你觉得这位老板的处置是否公平呢？蓝牙负责人是否是"会哭的孩子有奶喝"呢？

顺道提一句，这家企业今天的年销售额已经达到上百亿元了，可以说我这位朋友作为企业家是相当有水平的。在当初作决定的时候，他已经觉得蓝牙负责人有些缺乏同理心，沟通时不太考虑老板的想法，但是他并不希望因此失去一个业务骨干，于是先给了蓝牙负责人一次机会。同时，对于能够站在企业角度考虑问题的 Wi-Fi 负责人，他是很认可的，但是他要考察清楚对方是否能用行动证明自己识大体。因此，让 Wi-Fi 负责人去开发新产品，既是考察他后续的行动，也是先把他保护起来。

果然，在接手合并的部门后，蓝牙负责人在重要项目中都任用自己的老下属，打压原来 Wi-Fi 部门的人，甚至在资源分配上剥夺 Wi-Fi 产品推广的资源。于是半年后，老板请他走人了。而原 Wi-Fi 负责人，在新部门开发的通信产品已经有了一些雏形，这时便被公司指定接手了 Wi-Fi 和蓝牙的全部业务。事实证明，这位负责人确实做到了对自己的老下属和其他部门的人"一碗水端平"。他接手后,公司无线通信的业务一直发展平稳。

从这两件事我们可以看出,与其说情商高是能言善道,不如说是能够体察人心、换位思考,也就是有同理心。情商本身是一种很基础性的能力,想要提高它,不妨从最基本的同理心开始做起。

最后,值得一提的是,在戈尔曼和布拉德伯利提出的衡量情商的七个维度中,除了同理心,另一个值得我们留意的点是专注。情商较高的人懂得把注意力放在那些更关键的事情上,不会轻易分心,而这其实决定了一个人每天能够完成多少工作,以及能取得多大的成就。很遗憾的是,现实中这一点常常被人忽视。有关这方面的内容,我将在第五章进行详细论述。

能否成为最后的赢家取决于抗压能力

相比过去的人,今天的人在收入水平和物质生活质量上有了大幅度的提高,因为生活不下去而导致的压力应该比过去小。但是,今天的人普遍感觉压力比上一两代人更大,无论是生活上还是工作上都是如此。这种现象也很容易解释,因为今天的人的压力主要不是来自温饱,而是来自社会。今天的社会比过去复杂很多,我们不得不和很多人打交道。而在一个复杂的社会中,与人打交道通常不会一帆风顺,难免产生矛盾,有了矛盾就会有压力。但是很多人,特别是年轻人的抗压能力却非常差,动不动"玻璃心"就碎了。很多时候,人能走多远,能上升到多高,不在于本事有多大。本事再大,"玻璃心"一碎,一切清零。因此，抗压能力是职场力重要的组成部分，甚至是起决定作用的因素之一。

我们先来对比一下历史上两个了不起的人物，深刻理解一下抗压力的内涵以及它的重要性。这两个人生活在同一个时代，有着颇为相似的背景和才干，但是结局差异甚大，他们就是唐朝的中兴名将郭子仪和李光弼。

郭子仪虽然是武状元（当时叫作武举高等）出身，但是早年并未受到重用，因为他年轻的时候朝廷依然名将如云，像高仙芝、哥舒翰和王忠嗣等威震海内的名将都还健在。到了唐玄宗晚年，安史之乱爆发。当时朝廷已经人才凋零，各地守将节节败退，于是正式任命在家守孝的郭子仪出任朔方节度使[1]，奉诏讨逆。郭子仪联合了另一位中兴名将李光弼出兵，击败了叛军副帅史思明，收复河北，随后又领军收复长安、洛阳两京，最终平定了安史之乱。之后，郭子仪被拜为同中书门下平章事（宰相）和兵部尚书，一时风光无比。

但是，在唐朝中期有一个怪现象，就是宦官的权力特别大，

1　辖地在今天宁夏吴忠市附近。

他们不仅把控朝政,甚至直接跑出来当宰相,这是历朝历代所没有的。当时有一位权倾朝野的宦官叫鱼朝恩,数次陷害打击郭子仪。于是郭子仪被解除了兵权,赋闲在家。

几年后,官军哗变,朝廷恐惧,于是赶快加封郭子仪为汾阳郡王,请他出山收拾残局。这时候,另一位宦官程元振又因嫉恨郭子仪,在皇上面前挑拨离间,郭子仪的兵权再次被解除。谁知第二年,吐蕃趁乱攻占了河陇地区,直逼长安,京师震撼。当时的皇帝唐代宗只得再度启用郭子仪,然后自己就弃城逃跑了。郭子仪用计收复长安,然后迎接代宗回长安。代宗羞愧道:"用卿不早,故及于此。"

这之后,郭子仪多次平定叛乱和外族入侵,让唐朝能够在安史之乱之后慢慢恢复国力。唐代宗去世后,其子唐德宗继位,尊称郭子仪为"尚父",这是历史上皇帝给予大臣的非常罕见的礼遇。

在中国历史上的名将中,郭子仪被后世看作完人。这不仅因为他功勋卓著、忠心耿耿,更重要的是因为他抗压能力特别强。用柏杨的话说,郭子仪对来自四面八方的猜忌和怀疑、谗言和陷害,采取的是毫不设防的方式,把自己呈现在皇帝、宦官和权臣等"鲨鱼群"面前,不但绝不反击,而且毫无怨言。

这使"鲨鱼群"相信他确实于己无害。最终,时间帮了他的忙,这些妒忌他、陷害他、为难他的人都成了他的手下败将。

和郭子仪形成鲜明对比的是同时期的名将李光弼。

李光弼是契丹人,他的父亲是契丹酋长,母亲是契丹名将李楷固之女。在武则天统治时期,李光弼的祖先内附唐朝。李光弼从小就善于骑射,读过史书,有谋略,后来被郭子仪推荐担任了河东节度使,并且与郭子仪一同多次打败叛军。要说善于打仗,李光弼其实更在郭子仪之上。唐军在邺城遭遇惨败之后,多亏李光弼整饬部队,衮衣以归,唐朝才有了再战的资本。随后郭子仪失去兵权,李光弼实际上成了唐军的主帅。他治军严整,先谋后战,常常以少胜多,最终平定了安史之乱。《旧唐书》认为,李光弼"沉毅有筹略,将帅中第一",即使是孙武、吴起、韩信、白起等人,比起李光弼也"或有愧德",可见他的军事才能之高、功劳之大。

但是,就是这样一个大功臣,皇帝也没有完全信任他,宦官程元振、鱼朝恩等素与李光弼不睦,天天在皇帝面前讲他的坏话,只是因为朝廷不得不倚仗他,才没有加罪于他。最后李光弼因为不得志,忧郁成疾,50多岁就去世了。面对强敌,李光弼向来指挥若定,按说他的抗压能力应该不会差,但是相比于郭子仪，在面对皇帝的猜疑和宦官的陷害时，他就显得不那么淡定、不那么能抗压了。虽然后世对他的军事才能评价极高，让他的画像上了凌烟阁[1]，而且从唐后期开始历代配享武庙，但是人死不能复生，这些后来的荣誉无法弥补他生前的遗憾。

今天虽然世界进步了，但是在职场中，多疑的领导、嫉妒的同僚、喜欢构陷他人的小人依然随处可见。更何况工作本身也不会永远顺风顺水，挫折和困难会伴随整个职业生涯。因此，为了能够应对工作中的挑战，并且得到自己应得的报酬、荣誉和肯定，我们都需要有一颗强大的内心，不仅要能坦然接受工作中的挫折，还要能应对来自他人的阻挠、反对和诋毁。遗憾的是，目前的学校教育很少触及挫折教育这一块，甚至家长和老师也因为害怕伤了年轻人的心而营造出一个"真空无菌"的环境，让他们错误地以为自己能够一路无阻地突飞猛进。等进入社会和职场中，这些年轻人才发现处处是障碍，有来自竞争对手的，也有来自自己阵营的，总之诸事不顺，好像社会在处

---

[1] 位于唐长安城太极宫西南三清殿旁的小楼，唐朝皇帝将历代功臣的画像挂于其中。

处与自己作对。

很多人面对工作的压力，比如遇到一个难题，会迸发出潜能，想办法解决难题。但是遇到他人带来的压力，比如他人对自己的否定和阻挠，很多人会一蹶不振，郁郁寡欢。

面对他人对自己的否定，我们要先搞清楚问题是出在自己身上还是来自他人的偏见。其实，只要不是为了反对而反对的声音，都值得我们去思考，这可以让我们从新的视角看待问题、完善自我。至于那些为了反对而反对的声音，大可不必太在意，也不需要争辩。

面对他人对自己的阻挠，我们需要分清楚对方是霸凌还是糊涂。有些人以欺负别人为乐，或者总想侵占别人的利益，那就是霸凌。面对霸凌，最重要的不是自己和自己生闷气，而是主动解决问题。抵抗了他们的欺负，自己的抗压能力就有了提高。不过，很多时候是对方糊涂。比如，曾国藩曾经在朝廷中有几个政敌，为首的叫作倭仁。倭仁是个理学大师，个人修养很深，曾国藩在这方面对他很钦佩。但是倭仁见识狭隘，先是要咸丰皇帝防着汉臣，在朝中对曾国藩掣肘的人就以他为首；后来又反对洋务运动，看不起西学，认为理学才是学问的正统，连开办天文算学馆都反对。梁启超评论他是"误人家国，岂有涯耶"。曾国藩的幕僚赵烈文在《能静居日记》中记载，曾国藩对倭仁的评价是"才薄识短"。然而，就是这么一个人，居然位居宰辅的位置几十年，成为洋务派最大的政敌。面对倭仁等人的阻碍，曾、左（宗棠）、李（鸿章）等人的做法是，先把事情做起来再说，而不是怄气。这三个人各有各的做法，曾国藩隐忍，左宗棠火爆加上我行我素，李鸿章圆滑取巧，但是功夫都用在做事情上，没有哪个轻言放弃。渐渐地，人们都意识到了洋务的重要性。

今天我们在职场上和生活中遇到的很多阻力，就来自像倭仁这样的糊涂人，他们自己固步自封，也妨碍我们的活动。对于他们，我们最重要的不是怄气，而是先把事情做起来。

此外，对于来自他人的阻碍，我们还需要注意把握适时的推动力，这种推动力不是什么时候都有，但是会时不时地出现。曾、左、李三人之所以能够推动洋务运动，在很大程度上是因为他们把握住了一个好时机，即朝廷不得不靠洋务来巩固政权。我们在前面讲到的郭子仪，也是把握住了很多时机，朝廷不得不重新起用他。

人的成长和成熟，不仅依靠自身才学和工作能力的提高，还需要战胜一次又一次的挫折和挑战。当一个人能够扛住压力，以主动的姿态面对问题，并能够将被动的局面巧妙扭转之时，他就上了一个台阶。再以后，压力就会逐渐成为动力。有句俗话说得好，"留得青山在，不怕没柴烧"。机会总是有的，我们不要因为抗压能力差，倒在了机会到来之前。

第五章
行动力

▼

Chapter Five
Execution

一个人能达成目标，最终靠的是行动，而不是计划，甚至不是才学、天赋或者其他因素。

很多人认为行动力强就是多做事，延长工作时间。这其实是一个错误的想法。今天，能做的事情多得数都数不过来，更别说做了。但如果冷静地分析一下，我们就会发现绝大部分事情是不需要做的，甚至有些方向看都不要看，以免分心，影响我们做好该做的事情。

因此，懂得该关注什么、需要对什么视而不见，是提高行动力的关键。我把这种能力称为"从沙子里挑出金子"的能力。

是挑出金子,还是滤去沙子?

行动力的第一要素是效率。这个效率不仅是做事情的效率,更是我们生命的效率。

生命的效率可以大致用这个公式来表述:

$$生命的效率 = \frac{一辈子完成的事情数量 \times 事情的影响力}{寿命}$$

需要强调的是,公式中的分母不是具体做事情的时间,而是寿命,也就是我们一生所拥有的全部时间。因为如果用具体做事情的时间作分母,那就只能算出局部的效率,而不能算出我们一生的效率。

一个人如果一辈子做了很多事情,却都半途而废,那他的生命效率肯定高不了;如果做的都是鸡毛蒜皮的小事情,效率也不能算高;如果做的事情不少,影响力还很大,那效率就很高。一件大事的作用,可能远胜过上千件小事的作用。冯·诺伊曼虽然只活了 53 岁,却在数学、物理学、计算机科学和经济学方面都有重要贡献。把上面的公式往冯·诺伊曼身上一套,就会发现分子非常大,分母非常小,因此他的生命效率特别高。霍去病只活了 23 年,也只打了 3 场仗,但是每一场仗都具有决定性意义。特别是他最后一次远征漠北,不仅决定了匈奴和汉政权的命运,更为今天中华民族的主体被称为汉族,而不是秦族、唐族或者宋族作出了巨大的贡献,因此他的生命效率也特别高。反过来,有一个日本人叫中松义郎,他自称"发明王",说自己拥有 3200 项发明,可是没有哪一项发明对世界产生了重要影响,因此他的生命效率比起前面两位就差远了。

我们可以假定每个人都能够活到人类的平均年龄——70~80 岁,这样在效率公式中,分母就是常数了,剩下的决定因素就是分子。做成一件事情比开始做很多事情重要得多,有头无尾,成果等于零。而在做成事情中,多做有影响力的事情,少做可有可无的事情，也同样重要。

至于怎样做事情才能做一件成一件，这里面是有技巧的。我的总结是，人这一辈子要挑金子，但不要滤去沙子。

什么意思呢？淘金有三种做法，一种是把金矿砂摊到地上，在阳光下把里面闪光的金子颗粒挑出来；另一种是把沙子过滤出去，这样剩下的自然都是金子了；还有一种办法是用水银分离沙子和金子，这属于技术问题，在此就不讨论了。

但是，第一种做法有一个明显的缺陷，就是要把大颗粒的金子挑出来不难，但很多细小的金子可能就很难被发现，结果就是被浪费掉了。因此，今天开采金矿的人更多的是采用第二种方法，把沙子过滤掉，把金子剩下来。

挑出金子和滤去沙子，从本质上讲其实是一回事，但却象征着不同的做事方法。

据我观察，在生活中，采用第二种方法做事的人比较多，因为他们生怕错过任何一次机会，生怕某件事没做好。但同时我也发现，做成大事的人，几乎都是采用第一种方法。举个简单的例子。几年前，我开始和专业摄影师一同出去摄影。然后我发现，在选片的时候，专业摄影师都是从一大堆照片中挑几张好的出来，而比较业余的摄影师通常是删掉不好的照片，把其余的都留下，舍不得删。

明明用第一种方法可能会错过金子，为什么还要这么做呢？这就涉及人生目标和成本的问题了。

我在得到App专栏《硅谷来信1》中表达过这样一个观点：对于不靠谱的人，不给第二次机会。后来我在很多场合也谈到过这个问题，这其实是人一辈子提高效率最重要的战略之一。实际上，不仅做事情是这样，做人，或者说与人交往也是这样。

今天全世界有70多亿人，但我们一辈子真正打交道的人其实只有几百个人，也就是亿分之一到千万分之一之间。

这是什么概念呢？还是用淘金来说明。品位比较高的金矿，黄金的含量是百万分之八到百万分之十。也就是说，1吨金矿，如果金子和沙子加起来一共有1亿粒，那么其中只有不到1000粒是金子。而我们一生能结交的人占全世界人口的比例比这个还要小两三个数量级。如果我们想在1亿粒金子和沙子里把沙子都滤出去，把金子全剩下来，不要说一粒粒鉴定了，就是一粒粒拿起来只看一眼，都看不过来。

想要过好一生，我们其实不需要识别出一辈子遇到的人中所有的好人，只要找到几个确实的好人就可以了。就像是淘金的时候，找到几粒大颗的金子即可，不要花时间做无谓的过滤。

我们不是要追求找到金子的占比，而是要追求在单位时间内挑出来的金子最多。

关于结交朋友这件事，要想提高效率，一个要点就是让你的过滤机制更有效，尤其是第一次过滤，标准可以定高一点。我前面说的"不给不靠谱的人第二次机会"，其实就是这个意思。

有的人不同意这个观点，认为把人一棒子打死，不是也断绝了自己交到更多朋友的机会吗？万一那个被否定的人其实是个很好的人呢？万一某个我原谅的人后来会成为我的贵人呢？万一……总之，他们会说很多个"万一"。

但是你有没有想过，为什么我们要去赌那个"万一"呢？

人一旦想到"万一"这两个字，用这两个字来指导自己的行动，就会像前面说的，在淘金的时候把每一粒沙子都捡起来细细看。这样做，效率当然就会变得非常低。

有这样几件事，我们一定不能搞混了：

第一，从茫茫人海中找到英才俊杰。

第二，鉴定一个人是好人还是坏人。

第三，结交一些和我们一同走人生道路的人。

这三件事其实完全不一样。

第一件事其实不是我们的事,而是伯乐要做的事情。开采金矿的人不能错过矿砂中一丝一毫的黄金,但我们交朋友不必如此。

第二件事也不是我们要做的事。说句实话,我们其实没有资格评判一个人的好坏,因此也不必花心思对遇到的每个人都考察一番,作一个判断。

第三件事才是我们要做的事情。有的人会觉得,如果自己不给别人第二次机会,就会有负罪感,其实大可不必。那些没有从你那里得到第二次机会的人,并不会因为你没有选择他们就变得悲惨。他们有自己的人生,也许这次错过会给他们带去新的缘分,甚至反倒让他们遇见自己生命中的贵人。

不要觉得我们有能力拯救每一个人,与其把感情花在那些不确定的人身上,不如用心把身边的人照顾好。更何况,有的人你不给他第二次机会,他反而会变得更好;你给他n次机会,他反而不思改变,总等着第"n+1"次机会。

如果我们把在社交上花的不必要的时间省下来,就会有更多的时间关心我们该关心的人,跟他们培养更深厚的感情,这样我们交往的效果就增强了,效率也提高了。我们依然可以用本节开头提到的那个计算生命效率的公式来计算与人交往的效

率，即

$$交往的效率 = \frac{交往的人数 \times 交往的效果}{寿命}$$

如果一个人和很多人来往，但都是泛泛之交，交往效果几乎为零，那交往效率就很低。相反，和靠谱的人打交道，达到同样的目的所花的时间和精力会更少，效率也会更高。

并且，生命的效率和交往的效率并非相互独立，它们之间是有关联的。我们在人际交往中省下了时间，就能把更多的时间花在其他该做的事情上，完成的事情多了，生命的效率也就高了。

说到生命效率的公式，有一件事还需要提醒大家。有人可能会觉得，既然事情的影响力比完成事情的数量重要，那是不是所有的小事都不做了，只做所谓的大事就行了呢？其实人能够完成多大的事情，是需要有相应的能力做基础的，而能力不是天生就有的，而是从完成点点滴滴的小事培养起来的。因此，谈到效率，至少有一个前提是要把事情完成，而不是好高骛远，那样只会一事无成。

我们在做一件事之前,要再三权衡,看看它该不该做、值不值得做,也就是考量效果会如何,还有就是要看条件是否具备。很多事情,即使应该做或者自己很想做,但是条件不具备,也要先放放。但是一旦开始做了,就要把事情做完、做好,不能蜻蜓点水,也不能半途而废。当我们可以应付一些小事之后,就可以考虑做中等难度、中等影响力的事情了,这时,很多小事就不要再做了。再往后,我们就该做一点大事了,中等的事情也要少做了。同样,结交良师益友的道理也差不多,不是所有人都值得交往,但是一旦认准了一个人,我们就要花心思去交往。莎士比亚讲,"相知有素的朋友,应该用钢圈箍在你的灵魂上,可是不要对每一个泛泛的新知滥施你的交情",说的就是这个道理。

我们的生命是有限的,无论是做事还是与人交往,如果想要提高效率,正确的做法永远是从矿砂里直接捡出大颗粒的金子,而不是把矿砂里面的每一粒金子都挑选出来。因此,我从来不担心自己会失去什么机会。这个世界上其实有很多机会,就像金矿砂和世界上几十亿的人,多得我们抓也抓不过来。作为投资人,世界上值得投资的项目可能有成千上万个,但我可以很负责地讲,一个投资人一辈子能把握好几十个项目就足够了。如果因为害怕失去机会，就把遇到的每一件事都考虑一遍、筛选一下，那效率就太低了。毕竟，对一件事情作判断和筛选，是要花时间、资源和精力的。如果一个人因为害怕失去机会而尝试了太多的事情，那他最后往往会一无所获。

为什么说关注点会造就一个人

前一节讲的是一件事情做与不做的问题,接下来要讲的是一旦决定做了,怎样才能做好的问题。换句话说,前面讲的是从战略层面看如何提高效率,接下来要讲的是在战术层面提高效率的具体方法。

在战术层面,提高效率的关键是专注,而专注的关键则是眼睛不要向四处张望。

很多年来,总有人问我很多非常具体的投资问题,因为他们想发财。但是对于绝大部分人来讲,把注意力放在自己熟悉的工作上是发财最好的办法,过多关注资本市场有害无益。比如,最近一两年很多人问我,对比特币的价格波动怎么看、对特斯拉市值飙升怎么看。其实我就算告诉他们，他们也不会去买，只是把这当作和别人聊天的谈资罢了。因为他们很清楚，一旦买了，就有可能亏钱，然后就总想着这件事，天天寝食难安。还有人问我，绿色经济、元宇宙的概念是不是泡沫，这其实也和绝大多数人无关。是泡沫，他们不会损失钱；不是泡沫，他们也没有投资机会。因此，我通常会反问他们，你想了解这些事情的目的是什么？是工作累了想放松一下，还是想换职业？如果是为了轻松一下，在女朋友面前有些谈资吹吹牛，那读读新闻就够了，不必太当真。如果是想换职业，那就要慎重。否则，少关注为好。我有时会半开玩笑地继续问他们，你的房贷还清了吗？或者，上星期你给自己安排的任务完成了吗？对无关的事情关心得越多，离自己的主要任务就会越远。因为一旦把心思放在这些事情上，做自己本职工作的效率就必然会降低，离财富也就越远了。

人的关注方向决定了人的时间分配，而人的时间分配决定了达成目标的效率。有时候，对于无关的事物，哪怕我们只是多看了一眼，也已经是输了。因此，我的看法是，对于各种漫天流传的所谓新闻，什么贝佐斯有多少钱、盖茨离婚后梅琳达能分多少钱、马云被罚了多少款……我们根本不需要关心。一个人在前进时，打起十二分精神关注前方，还怕有所遗漏，如果四处张望，甚至转过身去看风景，效率自然就会下降。

人性如此，难免贪多，我们很容易对很多事情过分好奇，但如果屈从于这样的本能，效率就无从谈起了。

很多人关注的效率其实只是短时间内的效率，比如一小时能做多少事、一天能做多少事，实际上，大时间跨度的效率才更有意义。为什么这么说呢？因为一个小时能做的事情，人与人其实相差不大。比如，上学时两小时的考试，即使是最优秀的学生，恐怕至少也需要一小时才能完成。也就是说，最优秀的人只比一般人快一倍而已。但是如果将时间拉长至一个星期，效率的差距就大了。

有的人一个星期能做很多事情，其实他们并不比别人拥有更多的时间，只是他们更专注于自己的任务。今天很多家长说，学生的功课太重，但是对于孩子而言，不要说那些花在玩手机上的时间，哪怕是那些忍耐着没有玩手机而三心二意的时间，也意味着还是有提高效率的潜力。今天还有很多人把时间花在消遣闲聊、追星看剧上，这些事情不是不能做，但是既然选择了把注意力放在这些事情上，就不要抱怨时间不够用、效率不够高了。

我前面举了考试的例子,是因为人在考试的时候是最心无旁骛的。在所有人都心无旁骛地面对同一件事的时候,最优秀的人和一般人的效率也不过相差一倍而已。这其实说明,每个人在效率方面都有着很大的提升空间。

如果一个人能够收起自己的好奇心,把与当前任务无关的事情放一放,从提高一天的效率、一周的效率做起,很快他就会发现,在一个长时间段里,他能够比周围的人效率高很多。提高了效率,及时做完事情,有了闲暇再去环顾四周,这样既不会迷失方向,又保证了劳逸结合。

专注的重要性在开会时体现得尤为明显。今天很多人讨论问题的时候,会不自觉地发散思维,说着说着所有人都跑题了。此时如果主持人没有把话题拉回来,可能开了半天会,也没有任何结果。如果是我主持会议,我不仅会把话题拉回来,还会要求固定时间内的讨论必须出结果。

工作中我注意到一个现象,越是高层的会议,讨论的议题越聚焦,开会的效率也越高;而越是一线的、基层的会议,话题越容易发散,开会的效率也越低。照理讲,一线的会议通常是讨论具体的事务,本该更容易聚焦;而高层会议讨论的问题通常比较宏观,比较务虚,原本更容易发散。但是能够做到高层的人，通常都懂得一个道理：讨论问题的时候，需要收敛思维，尽可能取得一些成果。这就是专注力的一种体现。

理解了专注于一个方向的重要性之后，接下来就是决定选择什么样的方向。我们的目光往什么地方看，自己就会成为什么样的人。

在我的同学和朋友当中，有一部分人的自身条件、家庭背景和受教育程度都差不多，算是具有可比性的。而这些基础条件差不多的人，后来的发展却大相径庭。我发现，这和他们从小到大注视的方向有很大的关系。

比如，我有三位各方面条件都差不多的朋友，在此不妨称他们为 A、B 和 C 吧。

A 的父亲从小就跟他讲学习要又红又专，他的眼睛也一直盯着这个方向。后来，他一路从学生干部做上去，最后成为一所知名大学的校长，同时也是通信领域的专家。

B 热爱读书，一门心思要当学者，后来虽然遇到一些坎坷，但最终成了美国一所知名大学的教授。

C 则满脑子想的都是经商。虽然他在家里人的督促下到国外留学，但最后还是跑回国做起了生意，现在生意做得风生水起。

在他们身边还有许多与其条件相当的人，但也许是因为关注的方向太多，这些人后来的发展都平平无奇，虽然个人生活也不差，却并没有做出什么成绩。

我后来和那位学者 B 在美国相遇，聊到他们这群人走上的不同道路。他讲，你从小被什么人感动，就可能成为什么人。他从小就为古今中外那些思想上的巨人所感动，一直关注着这个方向，后来自己也成了学者。

当然，可能会有人讲，上述例子中的这些人是因为家境优越，才有条件关注自己感兴趣的东西。其实事情并没有这么绝对，专注于自己的目标是一种思维方式，并不一定会被家庭条件所限制。

畅销书《富爸爸穷爸爸》（*Rich Dad, Poor Dad*）的作者罗伯特·清崎在一次电视访谈中讲了他的观察。他说，同样是条件不好的家庭，如果遇到需要做某件事却又没钱的困境，通常会有两种不同的选择。

第一种选择是，这个家庭觉得这件事虽然重要，却是经济条件不支持的，于是就此放弃。

第二种选择是，这个家庭看到这件事确实很有价值、很重要，于是改变自己的生活方式，想方设法把这件事做成。

清崎说，这就是穷爸爸和富爸爸的区别。如果用我们这一节讲的"关注点"来看，前者其实是把关注点放在家庭条件上，因为家庭条件如何，所以这件事做不了；后者则是把关注点放在要做的事情上，因为这件事很重要，所以我们要想办法做成它。

遗憾的是，在生活中，人们往往会忍不住看自己的四周，然后觉得别人有的东西我也得有，我已经有了的生活不能改变。如果抱着这样的想法，那当然无法改变自己的人生。

清崎举了一个例子。每到圣诞节之前，美国的慈善机构都会到一些低收入家庭的孩子集中的学校，收集孩子们对圣诞礼物的期望。他发现，有些人想要的礼物是自己确实急需的，比如学习用具；有些人则是因为别的同学有某件东西，所以自己也想要，比如香水、指甲油或者玩具等。

不同的人关注不同的事，而不同的关注点最终也为他们带来了不同的人生。

从提高效率的角度讲，清崎无疑是对的。很多事情都是这样，别人做了，不等于我们要做；我们习惯了做某件事，也并不成为我们必须做这件事的理由。比如，快下班时和同事们的闲聊、没有必要的应酬、微信群里的红包、离自己很远的花边新闻或者世界大事……如果这些事情和我们当前的任务没有关系，就不值得去关注。

清崎在他的书中和各种公开讲演中经常讲到两个概念——"资产"和"债务"。清崎讲，很多我们觉得是资产的东西，实际上是债务。比如，那些基本不用却还要花精力维护的东西、离生活太远的所谓"天下大事"、需要很多时间维护的游戏账号……这些都可能是债务，而不是资产。更进一步讲，甚至有些你花了时间学习，却并不知道要用来做什么的所谓技能，也可能是债务。

当然，专注于一个方向，并不能确保人生就必然成功。如果选择了错误的方向，也可能会失败。但是，如果360度的方向都想看，不停地换道路或者原地打转，就基本没有成功的可能。

也许有人会说，人为什么要一味追求效率，慢下来看一看四周的风景不也很好吗？这个想法或许没错，但是不仅跑题了，还把追求效率和看风景对立起来了。实际上，恰恰是那些真正有效率的人，早早完成了自己的任务，才会有时间慢下来认真欣赏周围的风景。

结合上一节的内容，我们不妨把提高效率的方法总结为四个要点：

第一，无论是结交朋友还是做事，不必求全贪多，挑选出一些确实值得的人和事就可以了。

第二，对这种挑选的做法，不必有负疚感。

第三，所谓效率，更重要的是较长时间周期内的效率，而不是 30 分钟或者 2 个小时的效率。提高效率的秘诀在于，把更多的时间花在重要的事情上，不要在做事情的时候对那些可有可无的事物左顾右盼。

第四，我们的眼睛往哪里看，我们为什么样的人所感动，我们自己就会成为什么样的人。

生命中那些不重要的事情

在做到长期专注之前,我们需要知道生命中的事情哪些重要、哪些不重要。说起生命中很重要的事情,你可能会列举出很多,比如爱情、友谊、健康等。它们的确非常重要。失去了它们,生活就没有了意义。但是,如果一定要你说出生命中那些不重要的事情,你就犯难了,因为很多事情你都想做,放掉哪个都舍不得。

为此,我根据美国多家调查机构对于"生命中那些不重要的事情"的调查结果,总结出了七件不重要的事,又补充了两件我认为不重要的事,供你参考。如果你发现它们对你来讲也不重要,就可以把它们从你关注或者花钱的清单上删掉,这样生命的效率就提高了。

第一件，购物。

很多人都喜欢购物，特别是买衣服。但是，调查显示，绝大部分人之后又觉得自己当时买的好看的衣服其实没什么用，既不能帮助自己提高成绩，也不能帮助自己获得工作上的晋升。这个结果就很矛盾了，一方面大家觉得衣服不重要，另一方面又忍不住要买。不只是衣服，很多人发现，自己买的很多东西都不是真正需要的。而这些东西，要么占地方，要么会腐烂变质，最后只能被扔掉。

遏制自己不必要的消费欲望其实很简单。如果你还有房贷，我推荐给你一个方法：当你想买其实不太需要的东西时，就在记事本上写下已购买了这件商品，然后把与商品价格等额的一笔钱，用现金的方式放到存钱罐中；如果不经常用现金，你也可以存到电子钱包里。每攒够1000元，你就去额外地多还一笔房贷。这样你会发现，不仅房贷能更早还清，你还能多出了一大笔资产。

第二件，外食。

先和大家分享一组数据，美国每个家庭每年下馆子大约要花掉3000美元，占到他们税前收入的5%，这还不包括在麦当劳或者其他快餐店吃饭的钱。要知道，美国的个人所得税大约占税前收入的20%，房贷占税前收入的40%左右，也就是说剩下的可支配收入只占税前收入的40%左右。因此，下馆子花掉的5%的钱，其实是他们可支配收入里很大的一部分，占了12.5%。而且，美国每个家庭每年正常的食物开销大约是4600美元，两项加起来，就占掉了可支配收入的30%多。2021—2022年度，美国的个人存款只有1.25万亿美元，1.28亿个家庭平均下来不到1万美元。如果能把下馆子的钱省一些出来，美国很多家庭的生活就会得到改善。

虽然这里说的是美国的数据，但是今天中国人在下馆子上花的钱也不少。下馆子既花钱，又不健康，人们常常是吃的时候很高兴，吃完了又后悔，但是下次还会去吃。我个人认为，偶尔吃一吃，特别是品尝一下自己家不常做的精致食物也挺好，但天天下馆子实在没必要。如果吃饭是为了谈工作，也可以尝试一些更健康的方式，比如简单的下午茶之类。

第三件，八卦。

尽管大家工作都很忙，但单位总有一些人会三三两两地聚在一起聊天，一聊就是一个多小时。朋友之间聊天本来是一件好事情，但如果只聊八卦，那不仅浪费时间，而且会产生危害，因为八卦很可能会毁掉同事关系、朋友情谊甚至是婚姻。

一个人如果被贴上了爱聊八卦的标签,他的个人声誉和职业声誉很可能都会受到影响。别看大家当面不说,但内心里会不信任他,因为人们怕这个人也会八卦他们的事情。时间一长,大家就会对他抱有戒心。如果你是领导者,你会发现,团队中那些爱聊八卦的人,迟早会影响团队成员之间的关系,最后还会影响工作。

如果一个人不小心成了别人八卦的焦点,那情况可能更不妙了。因为他很可能会觉得自己被羞辱,甚至自尊心和自信心也会受影响。严重者还会变得抑郁、焦虑,甚至产生自杀的念头。

第四件,社交媒体。

今天,大家都开始意识到社交媒体的负面作用了,因此这里就不展开讨论了,我只强调一点——一个人所拥有的朋友数量,特别是社交媒体上的朋友数量,并不是那么重要。

第五件,新闻资讯。

新闻一直是媒体上最吸引人的部分。过去我们总认为,要看新闻,要了解天下事,这很重要,这也确实成了我们生活的习惯。你可能会奇怪,为什么新闻资讯也被列在了不重要事情的清单中？这是因为今天的新闻信息量已经严重过载，我们每天要花很多时间读新闻，觉得很新鲜。但如果静下心来想想就会发现，一个月前关注的那些新闻，绝大部分对你的生活没什么影响。有时间看很多新闻，还不如把时间花在做自己的事情上。

第六件，别人对自己的看法。

很多人非常在意别人对自己的看法，但这会让自己生活在别人的阴影中，一辈子都活不出自己的样子。

其实，我们并不是天生就在意别人的看法的，它是我们从小到大受教育的结果——在意别人的看法，会让我们觉得安全，也符合我们的利益。如果我们被别人当成另类，不管那些人的看法对不对，我们都会没有安全感。相反，如果那些人没觉得我们格格不入、与众不同，我们就会放下心来。

从别人那里获得对自己的反馈当然是有益的，毕竟人不能时时刻刻客观地看待自己。但是，过分在意别人对自己的看法就没必要了。这不仅会让自己做事缩手缩脚，还会分散自己的注意力，甚至会导致自己该做的事情做不好。

很多人还没开始做事就想东想西，说我这么做，别人会怎么看，这样就没法专注于做事本身了。

此外，太在意别人看法的人，还经常会疑神疑鬼，担心别人有什么想法，而很多时候，别人根本就没有什么想法。我有一位朋友，他之前一工作就买了辆新的日本车，一直开得挺高兴。有一天，他跑来问我，对于低档一点的德国 ABB[1] 汽车怎么看。我说你这车开了还不到两年，怎么就要换？原来，他交了个女朋友，对方问了他一句"你为什么买日本车"，他就开始疑神疑鬼，怕人家不喜欢，或者有什么别的想法。我说你可能想多了吧。后来在一起吃饭时我问了一下那个女生，她都不记得问过这个问题了，估计当时就是好奇地一问而已，我这位朋友显然是想多了。

那么什么时候应该在意别人的看法，什么时候可以忽略呢？比较稳妥的做法是把握以下两个原则：

其一，别人给自己提出了很正式的建议和评价，比如工作的建议、给自己写的评语，或者对我们提交的工作内容的反馈，这些我们都应该认真聆听，好好自查。

其二，如果评价内容涉及个人的喜好，那就不要太在意。

---

[1] 奥迪 Audi、宝马 BMW 和奔驰 Benz 的简称。

比如，有的人喜欢国产车，有的人喜欢德国车，如果你买了辆日本车，这几个朋友可能会和你唠叨半天，这种看法就不用太在意了。

第七件，过度思考和总想让自己正确。

三思而行是好的，但是三思之后不行动就有问题了。

很多人想事情会过度思考，也就是想多了，更有甚者会"钻牛角尖"。这不仅浪费时间，还会让我们非常累，时间一长，也有碍健康。

你可以尝试隔几个月回过头来看那些你曾经过度思考的事情。你会发现，当初那些思考很可能都是没用的。

那么，人们为什么会过度思考呢？一个重要原因就是，人们总认为自己会因为做错什么事而错过更好的选择。这就涉及另一个问题了，就是不要总想着让自己正确。

一个人不管多么努力，都会犯错误。犯了错误，改正了，水平提高了，下次不犯就好，不必执着于错误本身。少犯错误的关键不是怕出错，而是增长见识和提高水平，循规蹈矩地做事。一味地想要保持正确，很可能会掩盖自己的错误，这样危害就更大了。明白自己不可能永远正确，其实是给自己减负，这样才能行动更快，做得更好。

接下来的两件事情是我总结的,或许对大家也有点参考价值。

第八件,买东西时花过多的时间去挑选。

那些生活中我们经常使用且并不贵重的物品,我建议不要花过多的时间去挑选,能用就好。

有些人会花很多时间挑面巾纸的牌子、手机外壳的颜色和图案、充电线的颜色、棒球帽的标识,以及手机的铃声,等等。这些真的不重要,有什么用什么,什么方便用什么就好。

大家肯定听说过,乔布斯和扎克伯格买了一大堆同一款式的衣服,每天随手拿起一件套在身上,不花时间思考穿什么。同理,对于一些不太重要的服务,经常使用同一家的就好,毕竟切换是有成本的。

当然,有些女生爱美,她们从社交礼仪和职场礼仪的角度出发,认为每天出门的装束应该不一样,这种想法也挺好,但我建议不要在这上面花太多时间。我认识一位女性朋友,她收入挺不错,既想每天有不一样的着装,又觉得太花时间,就买了40多双像菲拉格慕、古驰或者华伦天奴等品牌的鞋子,每天出门时,随机挑一双穿了就走。

要知道,我们日常遇到的小事情实在太多了,能少花点心思就少花一点。

第九件，对明天的担心。

很多人遇到第二天要出结果的情况，头一天就开始坐立不安，甚至没有心思工作。这样只会让我们损失一整天的时间。这种情况下，明天的烦心事，最好明天再去操心。因为不管你有多么担心明天，明天总会到来。如果明天真有坏消息等着你，你也总得面对。实际上，还未发生的事情，比如明天的考试，我们作好准备比瞎担心更有用。而那些已经发生的，明天才知道结果的事情，比如考试成绩，我们再怎么担心也没法改变结果，那还不如静下心来，做好自己手头的事情。

这个世界上的很多事情，我们事后才会觉得不重要，可当我们身在其中时，却会因为过度关注它们而活得很辛苦。甚至，我们可能会因为不够专注真正重要的事情而失去了原本应该得到的东西。所谓活得潇洒，其实就是把那些不重要的事情从我们的生活中删掉而已。

人们把时间花在了哪些事情上

俗话说，一寸光阴一寸金。我们把时间花到了哪里，就等于把金子丢在了哪里。这一节我们就来聊一下，人们究竟把时间花在了哪些事情上。

2019年的时候，我看过一个创业项目。那个项目开发了一个手机软件，这个软件可以自动记录和分析人们每天在线上和线下花的时间。我们姑且简单地把这个软件叫作时间软件。

通过和时间软件创始人的交流，我了解到了一些关于大众时间花费的统计信息。我把这些信息总结了一下，又查阅了美国统计局的数据作为对照和验证，发现还是蛮有意思的，并且对如何有效利用时间也有了新的参考依据。

我们先来看看从上述渠道得到的一些有趣的数据。当然,这些数据主要来自美国用户,中国人的数据会略有差别。

首先,人们每天花在睡眠、家务和吃饭上面的时间占了每天 24 小时的一半。

人们每天花在睡眠上的时间平均是 7.5 小时,接近每天 8 小时睡眠的要求。当然,这个软件统计的睡眠时间是不管你睡没睡着,只要躺下就算。在家务和吃饭上面花的时间平均下来大约是每天 4 小时,其中做饭和收拾碗筷的时间是 1 小时左右,吃饭时间是 1 小时稍微多一点。在周末,人们吃饭的时间会增加到 1 小时 20 分钟左右,做饭的时间也会略有增加。

这里也有一个有意思的地方。在几十年前,还没有微波炉、烤箱、洗碗机和方便煤气灶,特别是半成品食物还不普及,做饭的时间比现在要多出一倍。可见,社会的发展和科技进步还是给人们省下了不少时间的。

从这些数据也可以知道,如果你自己不开火,天天在外面吃饭,那么等餐、吃饭和路上花的时间超过了每天平均 2 小时就不划算了。

这些是花在生活上的时间,那么花在工作上的时间如何呢?在美国,算上通勤的时间,大部分人花在工作上的时间每天超过10小时。这样一算，1天24小时，睡觉、家务和吃饭扣掉12小时，工作扣掉10小时，一天下来剩下的时间不超过2小时（请先记住"2小时"这个数据）。这样一来，人们如果真的想做点事情，通常就只能利用周末了。这是概况。

但接下来的信息就比较有意思了。在上面这些数据的基础上，每个人在手机上花的时间平均是每天4小时，包括周末。

如果把睡觉、吃饭和做家务的时间扣除掉，在剩下的时间里，人们有1/3的周末时间都花在手机上。当然，一部分花在手机上的时间是和工作、学习的时间重叠的。但是人们使用手机的时间有多大比例是在工作和学习呢？

数据显示，人们花在手机上的时间有65%～70%，也就是有2小时40分左右是花在了社交软件上，包括聊天软件、社交平台等，查邮件和回复邮件并不包括在内。这里也要补充一句，这个4小时的手机使用时间只是你使用屏幕的时间。锻炼的时候听音乐或者听线上课程的时间都不算在内，因此实际上每个人每天使用手机的时间应该还不止4小时。

那这个时间软件的统计准不准确呢？我又专门查询了一个专业调查的结果作对比。根据网络运营商信息整合网站"宽带搜索"（broadbandsearch.net）所作的调查，2019年美国人花在社交媒体上的时间是平均每天 153 分钟，也就是 2.5 小时多一点。考虑到现在绝大部分人都是通过手机来使用社交媒体的，这个数据和时间软件的统计结果几乎完全一致。而就在 2012 年，人们花在社交软件上的时间还只有每天 1.5 小时。

如果再进一步细分，在社交媒体上花费的时间，有超过一半是花在了聊天上、1/3 花在了看视频上、不到 1/6 花在了分享图片和自己的短视频上，大约只有 5% 花在了推特和微博这种更接近于新闻的媒体上。

我常常建议一些人在工作时扔掉手机。很多人会说扔不掉，因为工作离不开手机。事实上，就算所有的聊天都是和工作有关的，至少看视频和分享照片、短视频的那些时间是可以省下来的，这也占到了 1 个多小时。而且，人们即使是在用手机和朋友沟通互动的时候，一般也只有 10%～20% 的时间是在进行必要的交流，包括交流与工作有关的事情和比较重要的事物，算下来也就是平均每天 10 来分钟，剩下的时间大部分是在读转发的文章和社会评论等。

相比花在手机上的时间，人们花在电脑上的时间平均下来只有每天 2.5 小时，而且这个数据里还包括了那些每天必须要在电脑前坐上个七八个小时的工程师的时间。从这个数据看，很多人今天其实已经不怎么用电脑了。

我在前面讲了，每个人在睡觉、家务、吃饭和工作之外，每天剩余的自由时间也就不超过 2 小时，如果我们把花在手机上的时间减少一半，从 4 小时变成 2 小时，就能让自己的业余时间增加 1 倍。如果你想学点东西，提升一下技能，基本是 1 年可以当 2 年用。

顺便提供一个数据，2019 年美国统计局的调查显示，15～44 岁的人每天花在读书、读报和看杂志上的时间只有 10 分钟，几乎可以忽略不计。不过 75 岁以上的退休人员花在这方面的时间达到了 45 分钟。

在工作之余，比较健康的一项活动是健身。但是从统计数据来看，美国人平均每周花在健身上的时间只有 3 小时左右，平均每天还不到半小时。如果我们把干体力活、走路以及锻炼前后的热身和拉伸时间也算成锻炼，那么一周锻炼的时间就增加到了大约 11 小时，平均每天不到 2 小时。也就是说，现代社会人一天中的大部分时间都是几乎不怎么活动的，而且多半是坐着或者躺着。这对健康是非常有害的。

在工作方面，有一个统计数据让我感到很意外——大约有 30% 的美国人需要在家完成一些工作，这主要是指下班时间还要工作。我特意查了一下美国统计局的数据，发现官方数据是1/4，相差不大。也就是说，即使是很多人觉得工作并不勤奋的美国人，至少也有1/4是需要下班之后额外工作的，而且这个数据的分母里还包括那些肯定不需要下班之后工作的人，比如服务业和制造业的一线从业者。

美国统计局还给出了一个数据，受过大学教育的人，平均每天的工作时间是8.5小时，超过全美7.6小时的平均值。也就是说，如果你受教育程度比较高，是白领，工作时间多一些也是正常的。因为这些数据都是2019年的，所以其中没有疫情影响的因素。

那么人们每天工作的时候，时间又是如何分配的呢？数据表明，大部分人到办公室之后，做的第一件事是看邮件和使用社交媒体回复消息。这种工作方式好不好，见仁见智。更值得注意的是，在接下来的一天中，绝大部分人都会时不时地发送邮件和消息，只有少数人每天在固定的时间向外发送消息。也就是说，绝大部分人一天的工作时间是被碎片化的，不断被邮件和消息打断。

在2019年底得到这些数据后，我在两次和朋友聚会时都聊到了这个话题，也了解了一下这些朋友的工作时间分配情况。

先说明一下，这些人绝大部分已经不从事一线工作了，大多是公司的管理层、大学教授、投资人以及一些专业人士。他们通常会被看作职业发展比较好的人，在此把他们看作对照组。

有点出乎我意料的是，这个对照组中的人每天花时间的方式，与前面说的那些平均数据其实没有太大的差异。比如，他们每天读书的时间并没有更长。当然，大学教授每天会花很多时间读论文，但这属于他们的工作，一般不能被算在读书活动里。

比较明显的差异在哪里呢？主要有两点。

第一，他们每天工作的时间更长，会增加到 12 小时左右，比平均数据多了 2 个小时，不过他们的通勤时间比平均数据要少。

第二，他们每周锻炼的时间更长。大部分人都能够保证平均每天锻炼 1 小时，里面包括热身的时间。相比之下，他们看手机屏幕的时间则短一些，比平均数据少大约 1 小时。至于做家务和吃饭的时间，虽然相对少一点，但其实和平均数据差别不大。

另外，这些人大部分都没有 Facebook（脸书）[1] 账号，或者

---

[1] 已于 2021 年更名为 "Meta"（元）。

早已忘记了账号的密码。也就是说,即便是全世界最流行的社交媒体,从来不使用它也丝毫不影响一个人的事业成功。

总结一下,那些职业发展比较好的人,每天在时间管理上和普通人的差异其实就是2小时左右。换句话说,如果你能通过时间管理改变一些生活习惯,以更有成效、更有创造力的方式来使用这2个小时,你的生活可能就会发生很大的改变。

我曾经读过一本书,里面有一个很容易实施的好建议:每天花4个15分钟做4件小事,1年后的你会和现在完全不同。很遗憾这本书的名字我想不起来了,不过书中举的几个例子我记在了笔记本中:

* 每天花15分钟学一门外语;
* 每天花15分钟写日记;
* 每天花15分钟读5页书;
* 每天花15分钟打理花园、养花种草;
* 每天花15分钟和孩子聊天;
* 每天花15分钟冥想或者练瑜伽。

这些小事各不相同，但都有一个特点，就是很容易积少成多。这一类小事你肯定还能想出很多，不论是哪一种，早一天做起来，就早一天看到效果。

怎么在时间管理中做到止损

今天说到时间管理，人们通常想到的是争取每天多做一点事情。这当然没有错，但是，一天能做的事情总是有限的。要把已经开始的事情都做完，而且保证质量，重要的并不是做加法，而是做减法，舍弃一些原本不想做的事情。

关于该舍弃什么，日本畅销书作家山下英子在《断舍离》一书中给了一个很清晰的原则：你想过什么样的生活，就保留相应的东西，放弃那些和你心目中的生活无关的东西，因为你实际上并不需要它们。做事情也是同样的，问问自己的目标是什么，一个人不可能东西南北所有方位都是目标，否则肯定会寸步难行，更谈不上有任何进步了。因此，和目标没有关系的事情，就应该通过做减法舍弃掉。

不过，有些时候，仅仅放弃一些事情还不够，还必须停止一些已经开始做的事情，或者说在时间上止损。

什么是止损呢？我们通常认为，一件事情，如果发现做错了或者难度太高无法完成，应当及时放弃掉。从表面上看，放弃会让之前的付出变成损失，这是很多人不愿意放弃的原因。但是，换一个角度想，在这种情况下，放弃其实可以减少进一步的损失，实际就是止损，更何况止损通常是接下来"反败为胜"的第一步。要理解这一点，我们不妨来看一个很具体的生活中的例子。你可以想一想，如果你遇到类似的情况会怎么做。

某天，临近下班的时候，你开始规划下班之后要做的事情。首先是到银行办理业务，排队和办业务的时间加在一起，大概要花半小时；然后回家，回家的路上要到超市买今天晚饭要吃的熟食和明天的早饭；晚饭时间大约是7点，7点半之后，孩子开始看书、学习，10点上床睡觉。

这样规划下来，你决定4点半到银行，5点开始往家赶。结果在银行，你等了20分钟，排在你前面的顾客都没办完业务，继续等下去，大概要5点10分你才能办完自己的业务，这时你怎么办？

大部分人会想，今天不能白来，要不明天还得跑一趟。假设你选择了多等一会儿，最后 5 点 10 分办完了业务，比预计的时间只晚了 10 分钟。但是，由于回家时交通晚高峰已经到来，你到超市的时间比预计的晚了 20 分钟。赶上了下班高峰期，超市的人也比预想的多，于是在超市你又多花了 15 分钟。离开超市时，已经比最初预计的时间晚了 35 分钟，而且这时路上也堵得更厉害了。

你本来预计 6 点 50 分可以到家，结果到 7 点家人还没看到你的影子，于是太太打电话来询问你到哪里了。你明明还需要 40 分钟才能到家，但是因为怕太太埋怨，就说再有一刻钟，也就是 7 点 15 分就能到家了。你太太想，既然只晚了一刻钟，那就再等等你吧。

最后，你 7 点 40 分回到了家，全家人都在等你吃饭，孩子等不及，没吃饭就开始做晚上的功课了。太太开始埋怨你，你也觉得挺委屈。

这顿晚饭不会吃得很愉快，而且由于吃饭晚了，孩子上床睡觉的时间也耽误了。本来规划得好好的一个晚上，因为最初 10 分钟的错位，全家都不愉快。

你听完这个情境故事有什么感受，会不会觉得很熟悉？我自己也遇到过类似的情况。面对这种情况，到底应该怎么办？我的办法是，一看银行业务无法按时完成，就及时止损，去干下一件事情，明天再去银行。

当然，有人可能会说，明天还有明天的事情。这时，我们就遵守一个原则：要么删掉明天的某一件事情，要么在事前就应该删掉今天的某一件事情，以确保去银行办事有足够的时间。或者还有一个选择，就是仍然在银行把事情办完，但直接给太太打电话，说自己来不及去超市买东西了，晚饭做点别的吃。

我在《见识》一书中写过，办任何事情，最后的 5 分钟都不是自己的。如果秉持了这个原则，就不会在做事的时候依赖最后的 5 分钟，这样也不至于造成连锁性的延误。如果某件事脱离了轨道，及时止损就不会满盘皆输。而且及时止损为后续的环节创造了良好的条件，其实是有助于我们做到反败为胜的。

我过去管理部门时，每到季度末都要和不少下属面谈，这一天通常会安排得很满。原本预计半小时能跟一个人谈完，但常常会拖，一开始拖个 5 分钟、10 分钟，几个人谈下来，就拖出跟一个人面谈的时间了。而此时后面的人也不敢做什么重要的事情，只能等着。

遇到这种情况，我通常会通知秘书取消中间一个面谈，直接进入下一个，这样就不至于将一连串的面谈都耽误掉。有些人也许会想，可以后面谈短一点，把时间赶上来，但其实是做不到的。因为赶时间必然意味着会牺牲质量。当然，也可以事先留5分钟的弹性时间。

对于时间，很多人会觉得上午的1小时和晚上的1小时，或者明天的1小时，都是1小时。前面耽误的时间，后面可以补回来。这有点类似于所谓的"绝对时间观"。科学革命早期，伽利略、牛顿等人所倡导的就是一种"绝对时间观"。但后来，另一些学者，包括莱布尼茨、哥德尔和爱因斯坦，提出了新的时间观，即"相对时间观"。

什么是"相对时间观"呢？就是认为时间不过是一些因果关系链上先后发生的事件的次序。在这种观念下，前面一件事情发生变化了，后面整个进程都会被改变。这其实很符合我们生活中的某些情形，比如前面讲的那个情境故事。

因此，为了不让一件被耽搁的事情毁掉一天的安排，甚至好几天的安排，止损是必须的。能做到及时停止那些在规定时间内无法完成的事情，是时间管理的基本要求。世界上最糟糕的时间管理方式是动不动就说"再有3分钟，马上就完了"，这种做法的结果往往是一拖再拖，最终把各种事情全搞砸。

当然，是否要止损也是需要权衡的，要把这种做法放在恰当的事情上。一个人如果三天两头在时间管理上止损，就需要问问自己为什么总是把事情安排得那么糟糕了，同时要想办法少让自己陷入这种尴尬的境地。准备预案，也就是 B 计划，是一种有效的办法。

还是前面那个例子，如果是我会怎么做？我会早到银行 15 分钟。当然，早到银行，可能回到家的时间也会比预计的早，此时我就只当自己是按时回家的，在家继续工作 20 分钟再和家人打招呼。如果在银行的等候时间超出了预期，我会打开笔记本电脑做一点工作。如果今天一定要把银行的业务办了，而我又不可能早到银行，那么去超市这件事情就需要有 B 计划，比如提前和家人说好，如果来不及买东西我会直接回家，晚饭就考虑吃别的东西。

我有时下午会去接孩子，如果卡着孩子放学的时间去，可能会因为在路上堵车而迟到。如果我早出来 5 分钟，路况良好，路上可以省下 10 分钟，这样会早到 15 分钟。那这 15 分钟做什么呢？我通常会带一本书去读，或者带电脑去写作。如果路况比平时差，早出来 5 分钟也不至于迟到。

B 计划让我们永远不会因为无所事事而浪费时间。有些时候，我们原本打算做的事情，因为某种原因暂时做不了，就应该赶快按照 B 计划去做另一件事情。当预先准备 B 计划成为我们的生活习惯时，时间就节省下来了。

此外，要想提高时间利用率，就要尽量减少时间的碎片化。

很多人觉得，在有手机之前，我们难以利用碎片化的时间，有了手机，这个问题就解决了。事实恰恰相反，正是因为有了手机，我们的时间才变得更加碎片化了。

2020 年全球新冠肺炎疫情暴发后，很多人都曾经有相当长的时间在家办公。不少朋友坦言，在家的办公效率还是不如在办公室高。我听了大家描述的情况，发现效率不高的原因之一是在家办公很容易被一些事情打断。

每个人进入工作状态都需要一定的时间。比如，解决工程问题或者管理问题，进入状态可能需要 10 分钟；阅读，进入状态可能需要 2 分钟；思考科学问题，进入状态可能需要 30 分钟。如果刚刚进入状态就被打断，前面花的"预热"时间就白费了，等会儿还要重新"预热"。如果每小时低头看五六次手机，我们往往就需要反复"预热"，很难深入思考，做事情的效率也会大打折扣。

除了手机，其实还有另一种习惯也会让我们的时间变得碎片化，就是在做此事的时候想彼事。比如，上班时想家里的事情，回到家做个人的事情时又在想工作的问题。当头脑在两种事情中来回切换时，即使手上还是在做同一件事情，我们也已经不自觉地将时间碎片化了，效率也就随之降低。

概括来讲，在时间管理方面，只要做到做减法、及时止损、准备好 B 计划、减少碎片化时间这四点，我们就会比周围的人做事情更高效。当然，凡事说起来容易做起来难，要成为善于管理时间的人，不妨从培养小的习惯开始，只要稍做改变，生活就会不一样。比如，做事情的时候把手机放远点；告诉自己到了单位就不要想家里的事情了；在家里就好好生活，不要为明天上班后的事情烦恼。

我们不可能给一天的时间增加哪怕一分钟，但可以改变我们使用每一分钟的方式，日积月累，效果就显现出来了。

如何快速掌握一项新技能

今天的人一辈子需要不断学习新技能。这是一件不轻松的事情,却也是一个新的机会。过去,人们在年轻时学会一项技能,大概率可以一辈子靠此吃饭。这固然一劳永逸,但是也让人失去了获得更好机会的可能性。今天,人们有机会尝试去做不同的事情,寻找适合自己的事情,但是这需要一辈子不断学习,而每个人都会希望学习的过程短一点、进步的速度快一点。

说到对技能的学习,你可能会首先想到著名的"1万小时定律"——要成为某个领域的专家,需要1万小时以上的练习。但在实际生活中,我们更常遇到的情况是如何快速掌握一项新技能。万事开头难,学习新东西最难的是从完全不会到可以上手这个阶段，度过了这个艰难时期，后面的过程就会顺利很多。有的人学习新东西总是比较快，接触一项新技能，一两周就可以投入实践了，而有的人学了一年多还没入门，这时差距就显示出来了。

通常，简单的技能，比如开车、游泳，上手应该都不会太慢，如果太慢，那说明学习的方法不对。我记得我们这些留学生当年在美国学车考驾照，也就是两三个同学周末合租一辆车，练习一两个周末，然后就去考驾照了。之所以能够很快考过驾照，是因为开车最关键的技巧，比如平行泊车、在很窄的空间打U形转弯，都被教练们总结成简单的操作步骤了，初学者只要记住这些要点就能把车开起来。当然，这样拿下驾照后不能马上开车上路，还需要练习，练习大约1万英里[1]之后，才能应付各种路况。但是在最开始的时候，基本上有十几个小时的驾驶时间，就能知道开车是怎么一回事，算得上基本学会了。这之后自己可以通过练习进一步提升。当然，如果想再掌握赛道驾车的技能，可能还要再找一个教练教，而不能靠自己摸索。

---

[1] 1英里≈1.6千米。

不仅学开车如此，学习其他领域的知识或者技能也类似。比如学习编程、绘画、游泳或者滑冰、滑雪，如果方法正确，通常花上 20 个小时就应该能够入门，并且能做一些实际的事情了。比如学滑雪，应该能够到绿道¹上自由滑行了；学游泳，应该可以在游泳池里游个 25 米了；学编程，应该可以把自己家算账和管理日常安排的工作用电脑来完成了。

那么，要想快速掌握一项技能，具体有哪些方法呢？这个没有一定之规，很多有经验的人都有自己与众不同的做法。我总结了自己学习新知识和掌握新技能的五个要点，或许对你有参考价值。

要点一，也是最重要的，就是在开始之前，要作好先期研究。在作好研究之后，需要能够回答以下三个问题。

第一个问题非常重要，但是很多人往往会直接略过，它就是：你是否真的要学这样东西？

比如，很多人和我讲想学高尔夫球，我常常问他们：你学这个的目的是什么？如果你是觉得打高尔夫球能显得高大上，

---

1 斜率比较低的初级雪道。

那就算了，因为打个半吊子的水平和高大上根本扯不上边儿。有人说是为了锻炼身体，呼吸新鲜空气。如果只是为了这个目的，那到森林公园走走路成本更低，效果更好。还有人说是为了交际，这个理由可以成立。但是如果你的目的在于此，在之后的行动里就要落实。比如，打完球和朋友一起吃个午饭，沟通一下感情，等等。如果你觉得没有时间做这些事情，打完球匆匆就走，那还不如换一种方式沟通感情。

再比如，很多人觉得让孩子学编程是一种时尚，如果不让孩子学奥数，总要让孩子学点什么吧，不如就学编程。但同样的道理，先问一问自己，让孩子学编程的目的究竟是什么。如果你是经过了具体的研究，了解到学编程能够起到思维训练和逻辑训练的效果，那这是一个好理由，在接下来的学习中也应该以此为目标。但是，如果你只是听说同事家的孩子因为编程水平高被某所好学校录取了，所以也想让自己的孩子学编程，那最好进一步了解一下：那个孩子花了多少时间才达到这个水平？自己家孩子有没有这么多时间和精力可以投入？

我自己和孩子在成长的过程中，都曾经在进行了一番研究和筛选后，放弃了至少一半原本打算尝试的兴趣爱好。人都有一个弱点，就是三分钟热度。开始的时候热情都很高，遇到一点麻烦就退缩。因此，如果没有想好就开始，最后半途而废，那还不如不要开始。

第二个问题是：你要怎么学？

通常的办法无非是找人教，或者通过看视频、看书自学。如果找人教，又有多种选择：是找朋友教，还是去大班上课，抑或是请老师一对一授课？这些事都要在先期研究时搞清楚。但根据我的经验，但凡能找老师的，一定要找老师，不要自学，也不要为了省钱而让朋友教。而且，最好是找一个有经验的老师，此时朋友的推荐常常比网上的广告或者推销更可靠。

以学开车为例。很多中国留学生到了美国，为了省钱，也为了方便，就让同学教自己开车。虽然学开车不是一件难事，但如果一开始的老师没选好，就会养成一堆不良的驾车习惯，以后改都改不过来。

第三个问题是：学这项技能的成本究竟有多高？这里面既包括时间成本，也包括经济成本。有很多技能，学习和实践起来的隐藏成本其实远高于我们的想象，这也是先期调查时要重点搞清楚的。

很多人学某样东西学不下去，不完全是因为没有时间，也有可能是因为后来发现学习成本非常高，从而不得不放弃。比如，很多人想学摄影，觉得最大的花费无非就是买相机，而今天买一套成像还不错的单反相机可能也花不了1万块钱。但是，如果你考虑到每次去野外摄影的经济成本、回家后处理照片的时间成本，甚至为了拍出一些特效而要购买的配件的成本，就会发现学摄影其实非常贵。

如果以上三个问题都调查清楚了，你依然决定要学，那就进入学习的步骤了。

要点二，就是在学习中遇到了困难，一定要及时请教老师，不要自己瞎琢磨。对于一项新技能，我们是门外汉，自己琢磨1小时，可能抵不上老师指点2分钟。即便自己没有遇到困难，练习一段时间后，也需要请老师给出一些建议和反馈。

很多人觉得自己是新手，怕别人笑话，觉得要一个人闷头练习到能拿得出手才敢"见公婆"。其实，丑媳妇越早见公婆，越容易发现问题所在，越能及早改正，进步也就越快。

要点三，是要把一个复杂技能的学习过程拆解成几个相对简单的步骤，不要"眉毛胡子一把抓"。在拆解步骤的过程中，要用理性去思考。

还是以学开车为例，有经验的司机通常会把学车分为以下五步：

第一步，熟悉你的车，调整好所有的设置。这不仅是学车的第一步，任何时候接手了一辆新车，首先要做的都是这件事。

第二步，养成时刻观察周围的习惯。很多业余的司机教开车会忽略这件事，认为教开车就只是教怎样开车。其实开车这件事，本质上是在道路上和其他所有司机、行人配合，完成安全驾驶。路上的标识、周围人和车的情况，都是开车时需要注意的事情。这个习惯要在学车的第一天养成。

第三步，学会控制车，包括加速、减速、控制方向、转弯，等等。在很多人看来，学开车主要就是学这些，其实这只是其中的一部分。

第四步，停车和倒车，这就不多说了。第三步和第四步都可以在练车场学习。

第五步，上路，学会在各种路况下驾驶，学会换道、超车、让车等路驾技能。换句话说，学会在开车时与路上的其他人配合。

将复杂技能的学习过程拆解成几个步骤后，哪个步骤不熟练就多练习哪个步骤，这是快速掌握技能的要诀。

弹过钢琴的人都知道，一首三四分钟的钢琴曲，中间常常会有几小节、几秒钟的曲子容易弹错。练习的时候想要更高效，就要刻意多练习那几小节，不要每次练习都把整首曲子重来一遍。

至此，基本技能就应该掌握了。很多人觉得学习到此就结束了，于是把技能放在一边，还有些人觉得要私下里练熟之后才能拿出来用。这是学习新技能的一个误区，也是很多人学了新东西之后自身没有进步的原因。

因此，学习新技能的要点四就是，掌握基本技能后要尽快使用，而且要在工作或者实际场景中使用，然后在实战中不断提高水平。

我们还是以学开车为例来说明。不少人拿了驾照后几年不摸车，这样学了基本上等于白学。还有人知道自己水平不行，就总是在练习场或者没人的街道上慢慢练习，这样也很难有所提升。开车的技术，是在路况多变的马路上提升的，而不是在练习场上提升的。

还有一些人，在学校里学习了一些专业技能，因为没有拿它们解决过真正的问题，心里总是没有底，希望在学校里多做一些模拟的练习题。如果人的寿命有 200 年，这么慢慢学习倒也无妨，但问题是我们的生命很有限。通常在掌握了基本技能之后，我们就要边用边学习、边用边提高，这是效率最高的方法。我大学时到工厂参加实习之前，有点担心自己能否胜任将来对方交给的工作。我的一位老师讲，人家交给你任务，只要你在学校学过相关技能，就跟他们讲你会做。遇到不会的，总能自己花功夫搞清楚或者请教人。别人肯定也会遇到类似的情况，也没有听说谁过不了那个坎，我们不比别人笨，也一定行。

后来我和几个同学到南方一家纺织厂实习，要为那家企业做一个真实的数据库管理系统。接到任务后，对于能否完成任务，其实我们自己也没有太多的底气。当初我们学习数据库管理系统，也就学了几十个小时的课程，做了几十个小时的上机练习。不过，有了那位老师之前的提醒，我们本着遇到问题解决问题，一边做一边学的方式工作，花了一个多月的时间完成了任务，也真正掌握了有关数据库的技能。当时我有一个切身的体会：很多学习过的技能，只有在投入使用之后，才能真正理解。那次一起实习的一个同学，后来做了一辈子数据库，规模越做越大。有一次同学聚会时他提到，后来的这一切，其实都来自那年暑假的实习。

需要指出的是，快速掌握和"1万小时定律"并不矛盾。要想成为专家，后面1万小时的练习也是必需的，这一点不难理解。不过，快速掌握也很重要，有时甚至是战略性地重要。

它们之间的差别，就是要点五，也是我们要讲的最后一个要点。

在今天的社会中，我们都有很多工作要做、很多东西要学，在这种情况下，快速就变得非常重要，这能够让自己在与周围人的竞争时抢到先机。试想一个场景：单位里来了台复杂的新仪器，谁都不会用，那么，肯定是最先掌握仪器操作方法的人能成为它的使用者。类似地，一项新技术出来后，所有人都没有学过，那么谁先学会，谁就掌握了先机。

1979年初，我父亲从绵阳回到北京。当时国家百废待兴，很多研究领域都处于空白状态。那时中国还没有什么人研究太阳能，也没有什么人了解这个领域。于是我父亲和清华的几位老师赶快学习了传热学，然后就开始了对太阳能的研究。几个月后，几所高校和研究所的老师在西安成立了中国太阳能学会（即今天的中国可再生能源学会），他们那一批人都成了中国太阳能研究的先驱。如果以今天的眼光去要求，当时他们起步的水平都不算高，但经过几十年的工作和研究之后，他们都成了专家。

面对一个新领域，如果真的先花1万小时去学习和研究，然后再投入工作，那机会早就没有了。

快速掌握一项技能，是今天职场上的人需要具备的基本能力。俗话讲，万事开头难。不过，只要做好初期的调查研究，按照上面五大要点按部就班地学习，入门并不难。有了一个还算不错的开头，接下来就要下点硬功夫、慢功夫了。如果真觉得那个方向是自己未来追求的方向，再考虑花1万小时来成为领域专家也不迟。

第六章
品　格

▼

Chapter Six
Character

比能力更重要的是品格，它是人一辈子成功的基石。品格是后天培养出来的，与基因、出身、学识、机会都没有直接的关系。好的品格可以让自己受益终身，也可以照亮和温暖周围的人。

人性是一根曲木

康德说:"人性这根曲木,决然制造不出任何笔直的东西。"这句话非常有道理。每一个承认现实、积极面对现实的人都知道,人不可能尽善尽美——不仅人生下来的时候不是尽善尽美的,而且之后总不免沾染上各种坏习惯。了解了这一点,就会对人自身的缺点有基本的认识,也就能体会为什么人要一辈子与自身缺点做斗争。一个人只有注重品格的培养,才能成为可堪大用的人才。

关于品格的培养,人们通常有三个误区。

第一个误区是血统论。

今天,几乎没有人直接宣扬血统论了,但是很多人在骨子里相信这一点。比如，各种出身歧视和地域歧视都是血统论的体现。有些人会讲，不能嫁凤凰男，不能娶孔雀女，这其实暗含的潜台词是，那些人出身不高贵，因此在品格上有所欠缺。除了贬低别人，很多人还会直接拔高自己，似乎显赫的出身会和高贵的气质、优雅的举止、良好的教养甚至美丽的面孔联系在一起。甚至有人自知攀不上什么名门望族，却要想方设法和一些有名望的人搭上边。比如，经常有人会说："某某名人和我是同一个小学的校友。"那个小学几十年下来可能有好几万名校友，那个名人和讲话的人其实没什么关系。

事实上到了今天，无论是所谓的贵族还是士族大家，都早已没落。就拿世界上传承最久远，现在依然备受关注的英国王室来说，女王的两个儿子中，有一个就因为卷入爱泼斯坦的丑闻而被赶出王室。到了孙子辈，出现了一位行为更荒唐的王子，被媒体多次爆出有关他使用毒品和参加放荡派对的丑闻，他和他的太太也因此成为全世界的笑柄。

第二个误区，是认为财富和社会地位是与品格相关的。

中国有句古话，叫作"仓廪实而知礼节，衣食足而知荣辱"。很多人拿这句话为自己品格不佳辩护，也有人想当然地觉得自己和孩子的物质条件比周围人好，所以品格就好。这可不一定。"衣食足而知荣辱"这句话本身没有错，它强调了基本生活需求和更高层次的精神需求之间直接的关系。但温饱得到满足，只是知荣辱的基础，并不必然会使人知荣辱。比如前面讲到的英国王子，早已经衣食足了，却依然不知荣辱。

追求高层次需求，包括品格上的修养，并不需要比满足温饱多更多的物质条件。今天即便是中国收入最低的人群，也基本做到了管仲所说的"衣食足"，照理说全社会都应该知荣辱了，但事实并非如此。可以说，在任何社会里，品格和财富都未必能成正比。

第三个误区，是认为一旦培养起好的品格，就能一辈子维持。

品格的培养和自我修养是一辈子的事情，年轻时品格好不能保证一辈子的品格同样好。汪精卫年轻时志向高远，是一名意志坚定的革命者。就人品而言，他可谓无可挑剔，不贪财、不好色、不嫖不赌、信仰笃定。然而谁又能知道他后来会成为利欲熏心之人，而且会成为20世纪最大的汉奸呢？

但如果我们承认人性是一根曲木，就不难理解汪精卫的变化了。人性的各种弱点，懒惰、自私、贪婪、嫉妒、任性、爱慕虚荣等，随时都会让人变得扭曲。只要人们在品格历练上有所放松，所有这些毛病都会慢慢显现出来。

了解了上述误区，我们就不难理解品格不是与生俱来的，而是需要培养并且一辈子保持的。虽然好的环境对品格的培养有益处，但是身处好的环境并不必然会让人形成好的品格。我们不得不承认，人性有犯错的倾向，而且有些过失是难以避免的。因此我们要随时审视自己的行为，努力养成利他的行为和思想。当然，品格的培养也是有技巧的，我们不妨来看三个例子。

第一个例子是本杰明·富兰克林的做法。他通过经常审视自己犯了哪些错误来培养自己的品格。富兰克林是一个非常自律的人，经常思考自己的过失，然后将它们分门别类，再一项项慢慢改进。比如，他会告诉自己，要更有耐心地倾听别人讲话，要把对他人的关心放在自己的威望之上，等等。每改掉一个坏习惯，他都会感到非常高兴。

第二个例子是老布什的做法。他随时告诫自己要少谈论自我。在20世纪80年代之前，美国的政治家非常注重约束自己的行为，不像今天的总统们那么爱夸夸其谈。当时美国的总统和内阁部长退了休，很少有人去写回忆录炫耀自己的政绩。不过到了老布什竞选总统时，这种好风气已经所剩无几了。老布什在竞选时定下了一个原则——多谈事情，少谈个人。不过他的竞选班子看了他的演讲稿后说，这样可不行，我们不能谦虚，否则就无法赢得大家的支持。于是老布什同意了竞选班子的建议。几次演讲之后，他87岁的老母亲打电话给他说："乔治，你又在谈论自己了。"老布什听到后觉得很羞愧，于是改正了策略。不过，少谈论自己并没有让他的选票减少。老布什一生参加过"二战"，当过美国参议员、第二任美国驻中国联络处主任、美国中央情报局局长和美国总统，照说有很多故事可以写，但是他都没有写，因为他一生坚守一个原则——少谈论自己。

第三个例子是曾国藩的做法，更具体地讲，是他祖父星冈公的做法。曾国藩后来能够成为晚清第一名臣，得益于星冈公制定的居家做事八个字——"书蔬鱼猪、扫早考宝"。前四个字是当时耕读人家需要做的事情，即读书、种菜、养鱼、喂猪；后四个字中的"扫"和"早"是扫地和早起，代表日常生活中的好习惯；"考"是指重视祭祀祖先，中国人过去并不像西方人那么信神，他们把对天地的敬畏体现在祭祀祖先上，这其实代表人要有所敬；"宝"是指善待亲人和邻里，是中国文化所要求的最基本的品德。这些事情都是最基本的小事，但是只要做好这些小事，一个人将来的品格就差不到哪里去。今天的很多人当然不需要种菜、养鱼、喂猪,但是需要在工作中敬业;扫地不重要了,但是不邋遢还是有必要的;大部分人也不会祭祀祖先了,但还是需要对自然和规律有所敬畏。

这三个例子告诉我们,要经常反省自己的问题,长期坚持自己认定的行为原则,从小事做起,敬业,过一种健康的生活,善待他人,尊重规律。上述这些事都不是难事,任何人都能做到。而只要做到了,2.0版的我们就比1.0版的好那么一点点,3.0版的我们又比2.0版的好一点点,这样,好的品格就渐渐养成了。相反,如果慢慢懈怠了,好的品格就远离我们了。我们还是以汪精卫为例,看看懈怠后的结果。

辛亥革命之后,汪精卫从政坛上消失了一段时间。很多人对他的了解一下子从辛亥革命之前跳到了1921年广州国民政府时期。那么这中间的10来年他在干什么呢?简单地讲,他在世界各地游览,特别是在法国游学。当时中国百废待兴,很多事等着他去做,很多同志找他做事情,他都毫无兴趣。梁启超讽刺他是"远距离革命家",这个评价比较准确。如果他从此成为闲云野鹤,倒也罢了,问题是他还放不下名利,于是又回到政治场中。但是这时的汪精卫已经没有了当年的锐气,想要权力却没有担当,想要荣誉却不肯牺牲,一遇到困难便悲观失望。

因此，最后他会选择一个最投机取巧、最没有底线的做法，也就不奇怪了。

品格这个概念的外延非常宽泛，大家能说出很多好的品格。对于大多数人来讲，能够做到持之以恒、不媚俗、具有正义感和良好的个人修养，在品格的培养上就已经合格了，在生活中也很容易成为赢家。

持之以恒、不媚俗

绝大部分人都分得清善与恶、好习惯与坏习惯，只是有些人就是做不到长期为善，养不成好习惯。

有一种说法你可能听说过，人类的一切善行都是后天作伪的结果，都是以牺牲自己的当前利益为基础的。这句话不能说完全正确，却有一定的道理。那么，如果善行是后天作伪的结果，是否我们就不需要趋善向上了呢？恰恰相反，在真正明白这个道理之后，我们更需要持之以恒地改进自身，不媚俗，不盲从大众，因为这么做恰恰是在主动迎合自然规律。

如果你了解一点进化论，就会知道物种进步的基础不是个体，而是基因；进化的目的也不是让某个个体更好，而是让这个物种更能适应环境。因此,在进化方面,个体和基因是矛盾的。站在每一个个体的角度,它不进步、不变化,每天按照昨天的方式生活是最舒服的。同时,为了自己短时间的舒适,自私也是最好的选择。但是,大自然会淘汰这样的物种,因为如果一个物种每天都一样,每一代都没有变化,就不会有进化,那样地球上就只会有单细胞的生物。

于是,大自然要制造一些变化,让物种不得不随之变化,很多不适应环境变化的物种就被淘汰了。在基因产生了变化的物种中,其实绝大部分也被淘汰了,因为它们不仅没有变好,反而变得更坏了。只有那些有利于自身适应环境的变化,才能被保留下来。此外,为了让自身的基因通过后代传承下去,无论是动物还是植物,都会本能地有利他行为。动物会照料自己的后代,甚至会不惜牺牲自己保全后代。从个体的角度来看,这是一种不利于自身的利他行为。但正是因为有这种利他行为,基因才得到了复制和传承,并且逐渐进化。植物则很多会把自身的绝大部分养分变成果实,当动物们吃下了那些果实,就会把果实中的种子带到更远的地方。种植过水果的人会有这样的体会:那些疯长叶子的果树,果实又少又小,是难以实现基因传承的。

自私而短视的行为，是个体本身的倾向和选择，这让它们最为舒适，但是在冥冥之中又有一种力量让一些个体不得不违背自己自私、短视的本性，以求得长期来看更大的利益。不过，动物和植物都没有理性思维。它们中有一些被基因的力量控制，无意中做到了将长期利益最大化。但是，人却不同，人有理性，能够明白什么是长期的利益。遗憾的是，人在遗传中携带着好逸恶劳、懒于改变、注重眼前利益和一时欢愉的基因，这就是人们在懂得道理之后，又说自己坚持不下来或者做不到的原因。

上天对人其实是非常宽容的，它希望人能够主动克服好逸恶劳、缺乏毅力、短视而自私的毛病，并且从来不吝奖励那些能够做到持之以恒的人。但是，如果一些人做不到这一点，上天就会把一些资源和机会从他们手中拿走，给予那些能做到的人。比如升学这件事，虽然任何选拔人才的系统都有一定的随机性，但是总的来讲，在十几年中放弃一些暂时的欢愉，把时间花在功课上的人，最终都获得了更大的机会。这就如同一棵只顾疯长叶子的果树，从长远来讲结不出甜美的果实一样。因此，对于那些声称"道理都懂，就是做不到"的人，上天会"帮"他们做到。只是上天会反着做，给予他们的是他们绝不想要的结果。

为什么持之以恒如此重要？原因很简单。想让一根曲木变得稍微直一些、更加有用一些，就要不断地主动施加外力去纠正，不能任其随意发展，这便是持之以恒。那么外力又是什么呢？人在成长的过程中，需要有人帮助我们，指出我们的错误，提供好的建议，这些便是外力。世界上能够帮助我们培养品格的外力很多，我通常把它们分为四类。

第一类是亲朋好友。我们需要他们的鼓励和帮助。有些时候，帮助和配合他人意味着自己的损失，所以只有亲朋好友愿意这么做。当然，我们也必须回报他们，有时损失一些自己的利益来成就他们，只有这样大家才能一同走得更远。一个人行走有时固然会快一点，但是常常走不远，还可能会迷路；一群人一起走，迷路的可能性就小很多，而且能够走很远。因此，亲朋好友是人最大的财富之一。

第二类是规矩和传统。说到规矩和传统，很多人就很头痛，觉得是在管束自己，让自己失去自由。其实，规矩是为了让人避免一些天然的恶习，而传统是经过检验且大家都容易接受的。

第三类是榜样和典范。还是以物种进化为例，只有好的变化才能够让物种，或者说基因更好地适应自然，坏的变化则会加速被淘汰的命运。榜样和典范的作用就是告诉人们什么是好的改变。我有一位前同事，一年不见，体重从 200 斤降到了 150 斤。我问他是怎么做到的，他说都是靠榜样的力量。他看到一些人健康的生活状态，就照着他们去做，结果一年体重就降下来了。另外一位朋友，迷恋上了看吃播，结果一年下来体重增长了 20 斤。她说自己真的没有想多吃，看那些节目只是觉得好玩，谁知不知不觉中行为受到了影响。

第四类是宗教和信仰。玄奘法师年轻时就渴望得到佛法真谛，经过一番不懈的努力，于贞观三年（629 年）从长安出发，只身前往天竺（今印度）深造佛学。他途经西域诸国，在异常险恶困苦的条件下翻越帕米尔高原，终于到达天竺。在天竺的 10 多年间，他遍访高僧，学习佛法，还徒步考察了整个南亚次大陆。贞观十七年（643），玄奘带着 657 部佛经启程回国，2 年后抵达出发地长安，前后历时 16 年。在这之后，他又花了 10 多年的时间翻译了 75 部（一说 74 部）佛教典籍，一共 1000 多卷。是什么力量让玄奘能够历经千辛万苦、不计报酬地去做这件事？答案就是信仰的力量。我在《见识》一书中讲，人是要有点信仰的，就是这个原因。长期违背自己当下的欢愉做一件事情不容易，而信仰能让人做到这一点。

为什么我要把不媚俗也作为一种品格来谈论，而且和持之以恒放在一起呢？因为如果说无恒心是在时间的维度放纵自己，媚俗则是在空间的维度放纵自己。

媚俗有两种，一种是在外表，一种是在内心。外表媚俗的人会在穿着、举止、消费以及网络行为上追随潮流，甚至刻意夸张。今天很多通过晒朋友圈来显示自己过得多么好的人就属于这一种。还有人动不动就要折腾出一点事情来，在网络上炒作一番，这也属于外表的媚俗。

内心的媚俗虽不那么明显，但是也普遍存在。比如，有的人做人太现实，以社会环境复杂为借口，刻意讨好权势，迎合他人，这就是内心的媚俗。再比如，有的人是某一领域的专家学者，为了讨好领导，不顾专业常识和事实，信口开河，误导民众，这也是内心媚俗的体现。

无论是哪一种媚俗，都是为了短期的、局部的利益，放弃长远的追求。一个人一旦开始媚俗，境界就再也高不起来了，将来能达到众人的平均水平就很不错了。

民国时有位学者，前半生研究成果颇丰，颇有建树，后半生却是在拍领导马屁中度过的。对比他前后两个时期写的作品，很难让人相信它们出自同一个人之手。正是媚俗，令他的学术水平呈断崖式下跌。

人往上走是一件费力的事情，而往下出溜不仅毫不费力，还会越来越快。因此，一个人除非时时刻刻提醒自己要志向高远，不能媚俗，否则就会不知不觉地随波逐流。迎合他人是一件很容易的事情，保持独立的自我则需要一番定力。但是，人的品格就是在不迎合潮流、坚持自我的前提下养成的。

能做到持之以恒，不媚俗，就有了培养其他品格的基础。

正义感（善良、诚信、公正）

巴菲特爱引用一句话，"It's nice to be important, but more important to be nice"。意思是说，成为了不起的人的确很好，但更了不起的是成为善良的人。这句话的出处已经不可考了，不过这句话真的说得特别好。很多了不起的人，比如网球巨星费德勒、被誉为"20世纪当之无愧的全球最伟大的选股人"的投资人约翰·邓普顿等，也常常把这句话挂在嘴边。

有人说善良是人的天性，这个结论至今找不到依据。事实上如果不经过教化，人有时会体现出恶的一面。科学研究表明，在各种哺乳动物中，人类和其他灵长目的动物是相对比较容易敌视和伤害同类的。今天人类之所以显得比较友善，是因为文明在进步,理性约束了人们的胡作非为。因此可以讲,善良是人类后天培养出的一种品格,也是让我们最为受益的品格。

做一个善良的人有什么好处?在对待他人时做到善良,会令我们也被善意地对待。美国俄勒冈州立大学做了一项相关调研。两名实验人员买了一个比萨送给一名流浪汉,再让一名被试去向这名流浪汉讨要食物。流浪汉毫不犹豫地分给了被试一大块比萨。为表示感谢,被试又自发地从钱包中掏出一些钱给了流浪汉。这项调研一共测试了104人,结果表明,人们在看到善举或者收到善意后,更容易产生同情心、做出善举。各种善意的行为,会让施助者本身更快乐和轻松,也促使周围人乐于助人。

此外,还有一些研究表明,善举能促进健康、提高免疫力、加速伤口愈合,等等。从事这类研究的还有斯坦福大学等著名的研究机构。由于这些研究还处于初级阶段,我就不对此多作宣传了。但是,有一个结论是大家公认的:善良的人往往会活得更自在,很少焦虑、恐惧、紧张或者愤怒。美国《科学》杂志还刊登了一项研究成果,该研究认为造成上述结果的原因是善良的行为可以提升大脑中欣快激素血清素和内啡肽的含量,使人增加幸福感,并延长大脑的寿命。

可见，做善良的人是一件对自己和他人都有益处的好事。既然如此，为什么很多人还不愿意与人为善呢？根据我的观察和了解，主要有以下三个原因。

第一，有些人认为"善良正直的人经常吃亏"。2008年，中国社会科学院发布的《中国社会和谐稳定研究报告》显示，70%的人持有这种观点。甚至在一些人看来，善良是软弱的代名词。

持有这种观点的人需要搞清楚两件事。第一件事是要把所谓的"亏"和"赚"放在一个大的维度中考量。会下围棋的人都懂得一个道理，喜欢吃子的人通常赢不了棋。同样，一个自私自利的人可能在每件事情上都不吃亏，但是一辈子从来没赚过；而一个看似经常吃亏的人却可能是人生赢家。第二件事是不要把善良和牺牲、怯懦等概念等同起来。善良不等于牺牲，不等于要在自己能力范围之外付出，也不等于一味谦让，让自己不痛快；善良也不等于懦弱，不需要把对他人的"善"建立在对自己"恶"的基础上，那样的善良不会长久。加拿大不列颠哥伦比亚大学的一项研究表明，经常做出善举的孩子可以抑制同学的霸凌行为，并能处理好同学关系。

第二，今天的市场经济和生人社会打破了过去熟人之间相互帮助、相互照应的心理默契。很多人在决定是否做一件事情之前，要先估算一下值不值。特别是当社会资源有限，为了获得有限的机会，人们不得不进行激烈竞争时，很多人会把善良放到一边。对于他们的行为，用一句俗话来描述，就是吃相太难看。比如，班上只有一个保送研究生的名额，很多同学都想得到，一些人就会使用一些不光彩的手段把其他人踩下去。

但是，吃相难看不等于能吃到东西。很多不属于自己的东西，在不计手段得到之后，也很容易失去。毕竟在这个世界上，干大事的人还是需要利用群体力量的。

第三，教育的缺失。善良既是一种意愿，也是一种认知和能力。既然是认知，就需要培养；既然是能力，就需要训练。

善良有两个要素。一个是换位思考或者说有同理心，这是一种能力，不能体会他人的感受就是一种能力的缺失。大部分人会根据生活经验慢慢获得这种能力，这些人在外人看来就是天性善良的，但并非所有人都是如此。教育的一个重要目的，就是约束人们恶的念头，培养善的习惯，包括理解他人的能力。另一个是认识到善良带来的互惠好处。人通常会想，如果一件事对别人有好处，对自己却没有明显的好处，那该不该做呢？如果一个社会的普遍认知是，你对别人善，别人也会对你善，就如同前面提到的测试，给流浪汉一个比萨，对方也会将比萨分给其他需要的人。这样的认知建立在人际交往中互相信任的基础上。一旦信任缺失，互惠关系失效，人们就可能会怕吃亏。因此，在一个人进入社会之前，就需要明白这种信任的重要性，每一个人都不应该成为社会信任的破坏者。

和善良有关的一个品格是诚信。前面讲了能力和人品哪个更重要，诚信便是人品中最重要的组成部分。关于诚信的重要性，你肯定很清楚，这里就不展开讲了。不过有一点需要特别指出，就是诚信可以大大降低社会运行的成本和我们生活的成本，失去了诚信，这些成本就会大幅增加。我们不妨来看两个例子。

第一个例子是 2022 年初在美国法庭受审的女骗子伊丽莎白·霍尔姆斯的案子，她就是那个宣称发明了用一滴血检测疾病技术的斯坦福大学退学学生。她通过造假拿到过 9 亿美元的投资，但最后被揭发这是一场骗局。这个案子的出现大幅增加了创业者的创业成本，因为美国风险投资机构此后不得不制定比较严格的审查制度，在投资协议中增加一些保护性条款，并且要求监督甚至参与公司的运营，这对于创业者来讲当然不是好消息。本来从 20 世纪 60 年代开始，美国的风险投资人和创业者依靠彼此的信任维系了半个多世纪良好的关系。基于这样的信任，投资人才敢在没有担保的情况下把钱投给不认识的人，从而造就了硅谷地区的繁荣。而一旦这个信任不在了，双方的好日子就结束了。

第二个例子是我在《硅谷来信》中几次讲到的好市多遭遇顾客恶意退货的事情。本来，好市多给所有顾客提供无条件退货的服务。当然，大家的默契是，如果不是出现质量问题，或者自己买错了的东西，就不会去退货，更不会把自己吃了一多半的食品，或者用了快一年的电器拿去退货。在好市多开业的前30年，买卖双方都保持着这样的默契，互惠互利。但是，就是有人占这个便宜。比如，买了食品，吃了一半说不喜欢味道，然后拿去退货。我就亲眼见过一位顾客，把4升装的橄榄油用到还剩约半升，然后说有问题要退货。时间一长，好市多就改变了策略。一方面，它把退货的成本都加到了价格当中；另一方面，它开始限制一些商品的退货。当然，对于经常去退货的顾客，它也取消了他们的会员资格。这就是诚信缺失后的结果，双方的成本都会上升。

和善良有关的另一个品格是公正，它是文明社会的基础。前面讲到很多人担心太善良会吃亏，如果一个社会不公正，那这种事还真会发生。而社会的公正，来自每一个人待人、做事时的公正。

公正有多重含义，其中最基本的含义是没有偏私，能够依据大家认可的标准作决策、做事情。比如，一个老师喜欢张三、不喜欢李四，结果给张三扣分就少、给李四扣分就多，这就有失公正。类似地，在一个组织里，任人唯亲，偏袒自己的嫡系下属，根据自己的好恶而不是客观标准评判他人，都是不公正的做法。

为什么公正很重要？因为如果没有基本的公正，大家只能靠强权行事，倒霉的就是大多数人。

公正通常讲的是过程，而不是结果，但很多人会把过程的公正和结果的公平混为一谈。比如，有人看到全社会的财富不均等，就觉得平均一下财富是社会公正的体现。其实，一个公正公平的社会，是让每一个人都有相同的获得财富的可能性，而不是有的人因为有权有势就有更多的机会获得财富，或者直接在结果上做平均。

有的人一直想不明白这个道理，认为最后反正要落实到结果上，为什么不可以直接从结果入手解决问题。我举个例子来说明一下。假如大家参加象棋比赛，先把规则讲清楚，然后所有人都按照同样的规则下棋，违反规则就出局，这就是一个公正的比赛，当然，结果肯定是有人得冠军，有人垫底。如果反过来，不制定公平的规则，也不问是否有人违规，最后无论大家棋下得怎么样，结果都是和棋，这就是追求所谓的公平结果，而这种做法就让下棋失去了意义。当所有事情的结果都相同时，世界将会是一片死气沉沉的状态。因此，当我们伸手把一个人口袋里的钱，随意装到另一个人口袋中时，就违反了公正的原则，无论那两个人谁的钱多、谁的钱少。

今天在网络上有一个现象，就是很多网民试图用网络舆论代替司法，直接得到一个公正的结果，这其实也是违背法律公正性的做法。而失去了公正的过程，会导致更多不公正的结果。因此一个坚持凡事要公正的人，就要按规则做事。

在《理想国》一书中，柏拉图花了非常多的笔墨来讨论有关正义的问题，因为在他看来，没有了正义，就没有了文明。但是，即便他把各种观点都讨论了一遍（借苏格拉底和其他人之口），也没有给正义下一个确切的定义。于是，"什么是正义"成了一个千古难解的哲学问题。20 世纪著名哲学家维特根斯坦认为，人们之所以对这一类哲学问题感到困惑，看法不一，是因为对语言有着不同的认识。简单地讲，大家理解的不是同一回事。因此，在他看来，抽象意义上的正义没有太多意义，重要的是正义的行动。根据我的理解，一个人具有善良的、诚信的品格，做事公正，就符合正义的要求。

修养（感恩、宽恕、谦虚、自制）

人的修养是品格的一部分。

谈到修养，很多人会想到有礼貌、有学问、不动怒，但这些只是表面的修养。修养还有一些更基本的、更重要的内容，包括感恩、宽恕、谦虚和自制。

感恩是人类进入文明状态的一种体现。古罗马政治家西塞罗讲，"感恩之心不仅是最美好的品德，同时也是其他所有美好情愫之母"。人之所以为人，是因为懂得感恩。

作为群居动物，人在一生中会从他人和大自然那里获得许多的恩惠和帮助，然后以感恩的方式回应，这是维系人类社会、处理好人与大自然关系的前提。一个不懂得感恩的人，会在不同程度上破坏世界的和谐。如果他是一个有权力的人，可能会成为社会的祸害。一个不懂得感恩的社会，是一个野蛮、不开化，甚至自作孽的社会。

历史上有一位独裁者，将他过去的恩人处死了。那位恩人临死前讲，你不知道世界上有一种叫作感恩的品格吗？那位独裁者讲，感恩是狗才有的品格。我时常感谢这位独裁者说出了心里话。的确，在有些人看来不需要感恩，但是这些人还不如一条忠实的狗。不知道感恩，说明没有把自己放进人的行列，至少没有把自己放进文明人的行列。

一个社会如果缺乏感恩，就不会有相互帮助的行为，就是一个大家各自为战，甚至相互敌对的社会。美国有很多非营利的私营机构，比如大学和医院，在很少获得政府支持和商业支持的情况下，它们能在同行业做到全世界数一数二的水平，这主要是靠私人和营利机构的捐助。而私人和营利机构愿意捐赠的一个重要原因，就是那些非营利机构懂得感恩——哪怕是只获得100美元的小额捐赠，它们也会向捐赠者表达感激之情。在美国很多私立大学，不仅各个教学楼、很多院系是用捐助者的名字命名的，很多报告厅、教室和实验室也以此命名，甚至报告厅的某些椅子上还会刻有捐助者的名字。正是因为这些大学知道感恩，它们才能一年获得几亿美元甚至十几亿美元的无偿捐赠。我和很多私立大学有深入的接触，它们的感激是真诚的、由衷的，这让捐助者也很感动。

对于不懂得感恩的人，我们最好远离他们。我一直记得父亲给我讲述的鬼谷子和他的两个弟子孙膑、庞涓的故事。庞涓到了魏国当上重臣，很得意地写信给孙膑炫耀自己的近况，并且劝说孙膑前来投奔，这让孙膑有些心动。鬼谷子是一位很有智慧的老师，他告诫孙膑，庞涓来信，居然一个字都没有问候老师，可以看出他是一个不知道感恩的刻薄忘本之人。后来孙膑果然被庞涓陷害。借助这个故事，父亲告诫我，要特别防范那些刻薄忘本之人。

人类感恩的行为很早就有，但是在哲学层面对感恩的研究和关注其实只有 2000 多年的历史。在东方，这主要体现在对亲属、长辈和君主的感激上。孟子讲，"不得乎亲，不可以为人；不顺乎亲，不可以为子"，意思是说，不懂得对父母感恩，就失去了做人的资格。在西方，心怀感恩是各种宗教所推崇的人类基本品行，它不仅包括对人的感激，也包括对神的感激。可见，无论是东方还是西方，心怀感恩的理念都早已渗透进人们的思想和生活之中。

进入新世纪（2000 年之后），学者们从心理学层面对感恩进行了系统性研究。研究发现，懂得感恩的人，在心理上更健康，生活更积极；而不懂得感恩的人，常常背负着负面的悲观情绪，不能积极地对待生活中遇到的困难。

感恩要体现在行为上，而不仅仅是在心里。感恩的行为可以增进人与人之间的关系，并且让人获得可观的回报。一项实验发现，如果珠宝店给顾客打电话，并对他们的光顾表示感谢，顾客再次光顾的可能性会提高 70%。相比之下，如果只是给他们打电话告知相关的促销信息，顾客再次光顾的可能性只会提高约 30%。而如果不给他们打电话，他们再次光顾的可能性无明显提高。另一项研究表明，如果餐馆的服务员在给顾客送账单时，真诚地说上一句感激的话，通常顾客会给服务员更多的小费。

20 世纪 70 年代的坎特伯雷大主教拉姆齐讲，以感激之心浇灌的土壤，不会滋生出骄傲的野草。有了感恩之心，就容易培养出其他好的品格。接下来我们说说谦虚这件事。

谦虚曾经是各种文明都提倡的好品格。但是近几十年来，很多媒体过分强调要突出自我，表现自我，以至于很多人对谦虚产生了怀疑。美国作家戴维·布鲁克斯在《品格之路》一书中讲了这样一组数据，当代人（2000年之后）比上一代人的自恋程度提高了30%。如果量化衡量一下，他们中有93%的人自恋程度超过了上一代人（年长20岁的）的平均值。今天的很多年轻人，强调自己与众不同，甚至把一些坏的差异当作优点。此外，今天的人把自己（在网络上和生活中）的知名度排在第一位，而上一代人则把这个指标排在倒数第四位。虽然布鲁克斯讲的是美国的数据，但是如果你留意一下身边的情况，就会发现中国的情况也差不多。今天中国网络上有两个独特的现象：一个是所谓的饭圈文化，无论其背后是资本还是媒体在驱动，实质上都是拼比所支持明星的排名和知名度，使他们获得与自身价值不相配的虚名；另一个是晒朋友圈，朋友圈原本是用来记录和分享自己的生活点滴的，但现在沦为一部分人自我表扬和吹牛的地方。

今天的人之所以会丢弃谦虚这一品格，不是因为人们拥有的更多了，而是因为很多人半懂不懂。古代人受条件所限，懂的很少，见识有限，拥有的物质财富也不多，所以做到谦虚很容易。今天的人则不同，大部分人都接受了不错的教育，懂得一些知识和道理，并且通过现代交通工具接触到远方不同的人，很容易产生见多识广的感觉。要是再加上拥有一些物质财富或者成就，一个人就难免会自我膨胀。富兰克林讲，"最难抑制的情感是骄傲，尽管你设法掩饰，竭力与之斗争，它仍然存在。即使我敢相信已将它完全克服，也可能又因自己的谦逊而感到骄傲"。正因为人天生倾向于炫耀和骄傲，谦虚才变得非常难。

那么人为什么要谦虚？

首先，谦虚是一种美德，可以让他人感到舒服，不给他人太多压力。当你面对一个傲慢的人，你不会感到舒服，因此，如果我们傲慢，也会让别人感到不舒服。

其次，谦虚是对自己的一种有效保护，这一点常常被忽视。当一个人隐藏在众人之中时，他是最安全的。一定要当出头鸟，会被枪打；一定要炫耀自己，会遭人嫉恨。

最后，谦虚能够让我们对自身保持清醒的认识，不至于产生误判，这样可以少走弯路，少犯错误。

泰戈尔讲，"当我们是大为谦卑的时候，便是我们最近于伟大的时候"。这句话是很有道理的。

和谦虚相关联的是自制，它既包含对自己的语言、脾气和举止的控制，也包含古希腊人讲的自我节制，不放纵自己。

控制自己的脾气，让自己举止得当，不仅是一种修养，也是今天职场上每一个人所应该具有的基本素养。这一点就不展开讲了。我们重点讲讲古希腊人所说的"在哲学上的自制"。

亚里士多德在著作《尼各马可伦理学》中专门阐述了"自制"与"节制"这两个重要概念。在他看来，自制是一种好的品质，它让我们能够在生活中做到有节制，过一种健康而理性的生活。亚里士多德讲，"在适当的时间、适当的场合、对适当的人和事物、出于适当的原因、以适当的方式表达和感受这些感情"，就是自制。而不能自制，就是明知道自己所作所为是错的，却受激情的支配和欲望的驱使，继续实施相应的行为。与自制相对立的是放纵，自制和放纵的中间状态是不自制。在亚里士多德看来，不自制至少也比放纵来得好。

为什么要自制呢？亚里士多德认为，当一个人不能自制时，他就远离了理性，就会得到错误的认知。不仅如此，即使一个人具备了正确的认知，在不自制的情况下，他也不能正确运用自己的认知。在生活中你会看到这样一些现象，一个很有知识、很有本事的人，一旦发怒，也会做出错误的事情，这便是他不能正确运用自己知识的结果。相反，自制让人清醒，让人更容易作出正确的决定。在为人处世中，自制能够让我们准确地判断自己与他人、社会的关系，作出符合自己利益的选择。

最后讲讲宽恕。人不可能不犯错误，犯错误的人需要承认错误并且承担责任，付出代价甚至给予受害者赔偿。而作为他人，有些时候需要宽恕犯错误的人。我刚到美国的时候，听了一位牧师讲的一个观点，觉得很有道理。他说，每个人都觉得宽恕是一个可爱的观念，但不打算实施，直到有一天他有了真正需要被宽恕的事情。

我们在生活中都会发现，人其实并不喜欢宽恕他人。我们常常想要抓住对方的错误不放，让对方低头。我们会说，"如果我宽恕了那个伤害我的人，那就是在放纵他们的行为"。但是如果不宽恕，很多结就永远解不开，我们背着那么多的负担生活，实在太累了，至于怨恨和报复，就更不应该了。

对于伤害过我们的人，我觉得采用南非已故的屠图大主教的方法来对待最好。他的办法是"真相、正义、和解"。首先，我们要搞清楚真相，并且让对方承认真相。比如，同宿舍的人偷了你的钱，被你抓住了，你需要让他知道真相是他偷了你的钱，而不是什么其他的原因让你的钱不翼而飞了。接下来，正义必须得到伸张，他必须还给你钱，并且向你道歉，或许他还需要在一定的范围内检讨。至于正义该怎么伸张，自然有规矩，这里我们就不讨论了。但是最后，在他作出不再偷钱的承诺后，你需要与他和解，而不是抓住他的"小辫子"一辈子不放。那样你会很累,而他则会成为你一辈子的仇人。即使不信仰宗教的人,也应该明白与人方便、与己方便的道理。宽恕他人,是一个人强大的体现。

总之,任何人不论出身如何、学识如何,只要控制好自己的情绪和欲望,严于律己,不炫耀,关爱他人,宽容他人,对每一个帮助我们的人感恩,对大自然感恩,就是一个有修养的人,一个品格高的人。

后记

能力是我们每一个人的立足之本,不过并非所有的能力学校都会教,很多要靠我们自己培养,包括我在本书中所列举的交往力、洞察力、分辨力、职场力和行动力。这些能力需要每个人用心学习,慢慢领悟。

我当初在走出学校开始自己的职业生涯时,也注意从身边的同事和朋友那里学习这些能力,但可能是我比较愚钝,领悟得不算快,所以走了不少弯路。现在回想起来,如果当时有人引导我一下就好了。后来我担任管理岗位,单位请了各方面的专家传授经验,帮助我们提高上述能力,这就让我能够更快地进步了。当然,在这几十年的职业生涯中,我也看了不少书,结合自己的工作悟出了一些心得。我知道，并非每一个人都有机会系统地跟随管理学专家和心理学专家学习，因此我在我的得到专栏《硅谷来信3》里把这些经验分享出来，希望大家不用像我当初那样走很多弯路。

《硅谷来信3》的内容比较繁杂，绝大部分和本书的内容无关。同时，由于它是书信体，风格比较轻松随意。因此，为了便于大家系统地培养生活和工作中最需要具备的能力，在《硅谷来信3》结束之后，我在"得到"团队的帮助下，将其中和能力培养有关的内容进行了系统性整理和补充，写成了这本书，希望能够帮助广大读者更加全面、更加有效地培养专业能力之外的各种必要的能力。

在《硅谷来信3》的创作过程中，"得到"的创始人罗振宇、CEO脱不花、内容品控负责人之一李倩、课程编辑陈珏和杨露珠，从内容策划到编辑校对，做了大量的工作。"得到"的其他专栏作家，如刘润老师、陈海贤老师、贾行家老师、诸葛越老师、施展老师、卓克老师、王太平老师，对我本人和这个专栏也给予了巨大的帮助和支持。三季《硅谷来信》专栏至今已累计了近40万人次的订阅量。很多订阅者经常来这个专栏留言，给予了我非常有价值的反馈。通过和他们的交流，我也受益匪浅。随后,在本书的创作过程中,"得到"图书的负责人白丽丽和编辑吴婕、王青青,帮助我把专栏的内容改编扩充为正式的图书。她们参与了本书从选题策划、文稿整理到编辑、校对的全部工作。在此,我向她们表示最衷心的感谢。

最后,我也要感谢我的家人对我开设《硅谷来信》专栏和创作这本书的支持。她们作为我的第一批读者,给予了我很多反馈和建议。

《硅谷来信》专栏和这本书,是从我个人的视角来解读各种问题和现象,因此难免存在很多局限性和不足之处。对于很多问题的看法,本书也只是抛砖引玉,希望读者朋友斧正,更希望大家发表自己的见解。

图书在版编目（CIP）数据

软能力／吴军著．－－北京：新星出版社，2022.6（2022.7重印）
ISBN 978-7-5133-4951-2
Ⅰ.①软… Ⅱ.①吴… Ⅲ.①人生哲学—青年读物 Ⅳ.① B821-49

中国版本图书馆 CIP 数据核字（2022）第 083546 号

软能力

吴军 著

责任编辑：白华召
策划编辑：吴 婕 王青青
营销编辑：吴雨靖 wuyujing@luojilab.com
　　　　　吴 思 wusi1@luojilab.com
封面设计：别境 Lab
责任印制：李珊珊

出版发行：新星出版社
出 版 人：马汝军
社　　址：北京市西城区车公庄大街丙 3 号楼　100044
网　　址：www.newstarpress.com
电　　话：010-88310888
传　　真：010-65270449
法律顾问：北京市岳成律师事务所

读者服务：400-0526000　service@luojilab.com
邮购地址：北京市朝阳区华贸商务楼 20 号楼　100025

印　　刷：北京盛通印刷股份有限公司
开　　本：880mm×1230mm　1/32
印　　张：9.875
字　　数：162 千字
版　　次：2022 年 6 月第一版　2022 年 7 月第二次印刷
书　　号：ISBN 978-7-5133-4951-2
定　　价：69.00 元

版权专有，侵权必究；如有质量问题，请与印刷厂联系更换。